KB193414

요리사의 명화산책 名畵

미술관 옆
레스토랑

안충훈 저

예신 Books

프롤로그
—— art ——

요리사가 본 서양 화가들의 독특한 영혼

어렸을 때부터 나는 유난히 외로움을 많이 느꼈다. 외로움도 습관인지, 학교를 졸업하고 직장 생활을 하면서도 나는 늘 외로웠다. 지금 내 직업은 요리사다. 요즘은 흔히 셰프(chef)라 한다.

요리사라는 직업은 일반 직장인들과는 근무시간이 조금 다르다. 특히 나는 오전 9시쯤 출근해서 밤 10시가 넘어서야 하루를 마감하기 일쑤였다. 언제나 늦은 저녁 식사를 해야 했다.

특별한 취미도 없었고 직업의 특성상 하루 종일 서서 일해야 했기 때문에 육체적인 피로가 컸다. 그러다 보니 쉬는 날에는 잠을 자는 것이 전부일 때가 많았다. 그러던 어느 날, 나는 내가 진정으로 좋아하는 일을 찾아야겠다고 결심했다.

지금도 나는 셰프로 일하고 있다. 하지만 어릴 적 내가 좋아했던 건 미술이었다. 학교 성적은 좋지 않았지만 미술시간만큼은 늘 즐거웠던 기억이 난다.

그러던 중 출판사에서 유명 화가들과 요리에 관한 이야기를 재미있게 엮어 보자는 제안이 들어왔다. 그동안 고민하던 것들이 한꺼번에 해결되는 듯한 기분이 들었다. 나는 책을 사서 읽고, 전시장을 찾아다니기 시작했다. 어제도 파블로 피카소 전시회를 다녀왔다.

지금 내 침실에는 여러 점의 그림이 정리되지 않은 채 놓여있다. 잠시라도 그림을 보고 있으면 마음이 편안해지고 하루의 피로가 눈 녹듯 사라진다. 이제 그림을 감상하며 요리를 만들어 먹는 일은 나의 일상이자 취미가 되었다. 물론 와인 한 잔을 곁들이는 날이 많아져 살짝 걱정되기도 한다.

얼마 전, 가까운 지인의 집을 방문했을 때 벽에 걸린 유명 화가의 그림을 보고 감동을 받았다. 가슴이 벅차오르고 저절로 "우와!"하는 감탄사가 나올 정도였다. 그림 속으로 빨려 들어가는 듯한 느낌이었다. 마치 크리스토퍼 놀런 감독의 영화 '인터스텔라'의 한 장면처럼 4차원의 세상에 서 있는 기분이었다. 그 순간, 내가 진심으로 그림을 좋아한다는 것을 깨달았다.

명화를 그린 화가들의 삶은 어땠을까 궁금해지기 시작했다. 그들은 어떤 요리와 술을 즐겼을까? 기름진 고기 안주에 비싼 술을 마셨을까, 아니면 박주산채의 소박한 술상을 즐겼을까? 술이 깬 다음 날 아침에는 어떤 해장 음식을 먹었을까? 이런 상상을 하는 것만으로도 즐겁다.

오늘은 일찍 퇴근해서 특별한 시간을 가져보려 한다. 내가 좋아하는 명화 속 주인공들을 상상 속에서 불러내, 와인 한 잔을 마시며 예술과 요리에 관한 진솔한 이야기를 나누고 싶다. 유난히 추운 겨울밤이지만, 19세기 화가 클로드 모네의 그림 속에서는 벌써 따사로운 봄볕이 한창이다.

오늘 밤, 나는 행복하다.

저자 안중훈

일러두기 •───

• 인명은 국립국어원의 외래어 표기법을 따랐고, 널리 쓰이는 이름의 경우는 관용을 따랐다.

• 미술 작품은 〈 〉로 묶고 영화는 ' '로 묶었다.

• 미술 작품의 크기는 세로×가로(cm), 조각품의 크기는 가로×세로×높이(cm)로 표기하였다.

• 이 책에 사용된 이미지는 퍼블릭 도메인 작품이며 Wikimedia Commons에서 제공되었다.

차례

art

5

빛과 색채의 마법사

클로드 모네 (Claude Monet, 1840~1926)

모네, 〈수련〉, 1906. 캔버스에 유화, 89.9cm × 94.1cm. 시카고 미술관

한 폭의 그림 같은 가을, 일상을 물들이다

오늘은 유난히 가을 날씨가 깨끗하고 하늘이 높다. 푸른 하늘에 여기 저기 떠 있는 구름은 마치 클로드 모네의 붓 터치로 그려진 듯하다.

나는 모네의 그림을 정말 좋아해서 그의 그림을 인터넷으로 구매해 집 안에 걸어두었다. 그의 그림을 바라보고 있으면 마법처럼 그 풍경 속으로 빨려 들어가는 듯한 느낌이 든다.

내가 일하는 레스토랑은 양재천 옆에 자리 잡고 있다. 주말이면 사람들로 북적이지만, 평일에는 비교적 한적해서 나는 자주 산책을 즐긴다. 이곳은 계절의 변화를 온몸으로 느낄 수 있어 좋다.

봄에는 벚꽃이 만발하고, 여름에는 푸른 잎이 우거지며 가을에는 노란 은행잎이 길을 수놓는다. 겨울이면 하얀 눈이 모든 것을 덮어 마치 동화 속 세상 같다.

만약 내게 화가의 재능이 있었다면, 이 아름다운 풍경을 캔버스에 담아내고 싶었을 것이다. 모네 역시 이런 자연의 아름다움에 빠져있었다. 자신의 집에 연못을 만들어 연꽃을 키웠다는 사실은 그가 얼마나 자연을 사랑했는지 잘 보여준다.

그의 대작 〈수련〉은 모네가 오랜 시간 공들여 완성한 작품으로, 그의 열정이 고스란히 담긴 걸작이다. 나는 언젠가 파리의 오랑주리 미술관에서 이 작품을 직접 보고 싶다는 꿈을 꾸고 있다.

우리는 종종 아름다운 풍경을 보며 '한 폭의 그림 같다.'라는 말을 한다. 이 표현에 가장 잘 어울리는 화가를 꼽는다면 당연히 모네일 것이다. 그의 풍경화는 그저 바라보는 것만으로 마음을 평화롭게 한다. 마치 양재천을 따라 걸으며 느끼는 고요하고 편안한 감정처럼.

모네의 〈양산을 든 여인〉을 보면, 바람에 살짝 휘감긴 여인의 의상이 한복처럼 고풍스럽고 우아하다. 하지만 더욱 매혹적인 것은 바람에 흩날리는 그녀의 머리카락이다. 그 생동감 있는 표현이 모네의 그림에 생명을 불어넣는다.

가끔 양재천을 산책하다 보면 양산을 든 여인들을 만나곤 하는데, 그때마다 이 그림이 떠오른다.

문득 상상해본다. 만약 모네가 현대의 서울 풍경을 그린다면 어떨까? 아마도 양재천 벤치에서 커피를 마시며 스마트폰을 보는 사람들, 또는 한강 둔치에서 조깅을 하는 이들을 그릴지도 모른다.

석양에 물든 고층 빌딩들을 배경으로, 현대 도시의 활기와 아름다움을 화폭에 담아낼 것이다. 그의 붓끝에서는 서울의 현대적인 모습과 자연의 아름다움이 어우러진 독특한 작품이 탄생할 것 같다.

모네는 나이가 들어서도 세상을 바라보는 순수한 눈길을 잃지 않았다. 그의 그림에 담긴 자연의 모습은 마치 신선한 재료로 만든 샐러드 같다. 다양한 색채와 질감이 조화롭게 어우러져 눈과 마음을 즐겁게 한다.

1840년 파리에서 태어나 1926년에 세상을 떠난 모네. 그의 그림은 수줍은 소녀처럼 언제나 싱그럽고 아름다웠다. 이런 생각을 하다 보니 자연스레 샐러드가 떠오른다.

오늘은 모네의 팔레트에서 영감을 받아 색채 가득한 샐러드를 준비해볼까 한다. 그의 그림처럼 신선하고 아름다운 요리야말로 진정한 '먹는 예술'이 되지 않을까?

모네, 〈양산을 든 여인〉, 1873. 캔버스에 유화, 100cm×82cm. 국립 미술관

모네, 〈풀밭 위의 점심 식사〉(가운데 부분), 1865-1866.
캔버스에 유화, 150cm×418cm, 오르세 미술관

봄날의 싱그런 가든 샐러드를 만들다

🍳 재료

브로콜리 6조각, 콜리플라워 6조각, 미니 양배추 6개, 방울토마토 2개, 작두콩 6알, 청포도 3알, 얇은 아스파라거스 6대, 소금, 후추, 식용 꽃

👨‍🍳 가든 샐러드 만들기

1. 유자 홀그레인 머스터드 드레싱을 만들어 냉장 보관한다. (재료: 유자 폰즈 30mL, 발사믹 비네가 20mL, 홀그레인 머스터드 2큰술, 꿀 2큰술, 바질 오일 20mL, 소금, 후추)
2. 작두콩은 물에 4시간 정도 불리고, 아스파라거스는 물기를 닦아 팬에서 부드럽게 볶은 뒤 소금, 후추로 간을 한다.
3. 미니 양배추는 반으로, 콜리플라워와 브로콜리는 한입 크기로 자르고, 끓는 물에 데친 뒤 얼음물에 식혀 물기를 제거한다.
4. 방울토마토와 청포도는 씻어 반으로 자른다.
5. 큰 믹싱볼에 모든 재료를 담고 소금, 후추로 간을 한다.
6. 미리 만들어 둔 유자 홀그레인 머스터드 드레싱 50mL를 넣고 조심스럽게 버무린다.

7. 샐러드를 담고 볶은 아스파라거스를 올려 식용 꽃으로 장식한다.

황금빛 유혹의 화가

구스타프 클림트(Gustav Klimt, 1862~1918)

단순함 속에서 찬란함을 발견하다

나는 가끔 초밥을 즐긴다. 음식에 까다롭지 않은 편이지만, 초밥만큼은 꽤 까다롭게 골라 먹는다. 평소에는 아무 음식이나 잘 먹는데, 유독 초밥은 맛과 청결 정도를 꼼꼼히 검색해 보고 선택한다. 왜 그럴까? 스스로에게 물어본 적이 있다.

초밥의 매력은 단순함 속에 숨겨진 정교함에 있다.

다찌(일식집에서 셰프 앞 일렬로 배치된 좌석)에 앉아 셰프의 섬세한 손놀림을 지켜보는 것은 마치 예술을 감상하는 것과 같다. 단조로워 보이는 네타(초밥 위에 올라가는 재료)가 오히려 초밥의 본질을 더욱 선명하게 드러내는 것처럼 말이다.

"초밥(스시)은 요리가 아니다. 초밥은 초밥이다." 일본의 유명한 초밥 셰프의 말이 종종 떠오른다. 요즘은 경제적 여유가 없어 자주 가는 편은 아니지만, 갈 때마다 계절별 생선에 대해 공부하게 된다. 이런 준비 과정 자체도 초밥을 즐기는 하나의 방법이다.

초밥에 대해 이렇게 길게 이야기하는 이유는 구스타프 클림트의 그림

클림트,
〈에밀리 플뢰게의 초상화〉,
1902. 캔버스에 유화,
181cm×84cm.
비엔나 박물관

이 초밥과 묘하게 닮았다고 느끼기 때문이다. 클림트의 그림은 초밥처럼 간결하면서도 강렬한 인상을 준다. 특히 황금빛으로 표현된 여성의 모습이 매혹적이고 찬란하다.

화려함 속에서 인생을 그리다

클림트의 삶은 그의 화려한 그림만큼이나 다채롭고 흥미진진하다. 오스트리아에서 태어난 그는 금 세공업을 하는 가난한 아버지 밑에서 자랐다. 경제적 어려움으로 학교를 중퇴했지만, 다행히 친척의 도움을 받아 미술학교에 입학할 수 있었다.

이후 동생과 친구의 도움으로 공방을 열고 벽화를 그리기 시작했다. 그는 재능을 점차 인정받아 빈의 국립극장과 미술사 박물관을 장식하는 화가로 명성을 얻게 되었다.

흥미롭게도 클림트는 보수적인 미술계의 일원이었지만, 관습을 뛰어넘는 관능적이고 화려한 그림으로 주목받았다. 그의 대담하고 눈에 띄는 색채는 대중에게 사랑을 받아 TV 광고에서도 종종 등장한다.

〈유디트1〉은 클림트가 황금색을 본격적으로 사용하기 시작한 그림으로 유명하다. 구약성경에 등장하는 유디트는 이스라엘을 침공한 아시리아 군대의 장군 홀로페르네스를 유인해 참수시킨 여인으로, 민족을 구한 여자 영웅이다.

눈에 띄는 황금 목걸이, 유혹적인 시선, 그리고 한쪽 가슴을 과감하게 드러낸 섹시한 자태가 성(性)적인 분위기를 자아낸다. 여기에 적장의 목을 자르는 잔인한 이미지가 더해져 살짝 섬뜩한 느낌이 든다.

클림트, 〈유디트1〉, 1901. 캔버스에 유화,
84cm×42cm. 벨베데레 미술관

클림트, 〈헬레나의 초상〉, 1898. 골판지에
유화, 60cm×40cm. 베른 미술관

클림트의 개인사는 그의 그림만큼이나 흥미롭다. 30대 중반에 동생을
잃고 조카 헬레나의 후견인이 된 그는 〈헬레나의 초상〉에서 순수하고 청
초한 조카의 모습을 담아냈다.

이 그림을 보고 있으면 "당당한 여성으로 살아가라!"라고 마치 클림트
가 조카에게 직접 말하는 듯한 느낌이 든다.

클림트, 〈죽음과 삶〉, 1910. 캔버스에 유화, 180.5cm×200.5cm. 레오폴드 박물관

클림트는 여성의 몸을 너무 외설적으로 표현해 종종 논란의 중심에 섰다. 외설적인 그림들은 단순히 화가의 상상만으로 완성되는 것이 아니라, 모델에게 직접 포즈를 요구할 정도로 화가와 모델 사이에 특별한 친밀감이 필요하다.

실제로 그의 그림 제작 과정에서 모델과의 친밀함은 그의 사생활을 복잡하게 만들기도 했다.

그러나 클림트의 삶에서 에밀리 플뢰게는 특별한 존재였다. 10년간 그녀의 초상화를 4점이나 그렸다는 사실이 그들의 특별한 관계를 말해준다.

56세에 스페인 독감으로 세상을 떠난 클림트의 삶은 그 후에도 화제가 되었다. 과거 연인들의 양육비 소송을 에밀리 플뢰게가 해결했다는 일화 또한 그의 복잡했던 인생을 보여준다.

클림트의 말년 그림들은 더욱 깊이 있고 비판적인 모습을 보였다. 클림트의 그림 〈죽음과 삶〉에서는 고흐와 마티스의 영향이 보이면서도 클림트만의 독특한 매력이 돋보인다.

성공한 예술가였지만 의외로 자화상이나 개인적인 글을 거의 남기지 않은 클림트. 하지만 그가 남긴 황금빛 작품들은 여전히 나에게 영감을 준다.

오늘은 그의 화려한 색채에서 영감을 받아 특별한 황금빛 초밥을 만들어볼까 한다.

클림트, 〈키스〉, 1907-1908. 캔버스에 유화, 180cm×180cm. 어퍼 벨베데레

황금빛 키스처럼 빛나는 광어 초밥을 만들다

🍶 재료

광어 한 마리(광어 필렛 1/4마리), 햅쌀 150g, 단촛물 50mL, 와사비 1/2 큰술, 다시마, 해동지, 금가루

👨‍🍳 광어 초밥 만들기

1. 광어의 머리, 내장을 제거하고 비늘을 긁어낸 후 3장 뜨기로 손질한다.
2. 광어의 겉껍질을 벗기고 살만 발라낸다.
3. 다시마를 물에 헹궈 물기를 닦은 후 광어살 위에 올리고, 해동지와 랩으로 감싸 3~6시간 냉장 숙성한다.
4. 숙성이 진행되는 동안, 햅쌀을 2번 헹궈 물에 불린 후 고슬고슬하게 밥을 짓는다.
5. 볼에 뜨거운 밥을 담아 한김 날린 후, 단촛물을 골고루 뿌리면서 살살 뒤적여 식힌 다음 보온통에 담는다.
6. 숙성이 끝난 광어는 랩과 해동지를 벗기고 횟감 전용 통에 넣어 냉장 보관한다.
7. 광어살을 초밥을 덮는 크기로 썬다. 칼을 사용하여 살이 끊어지지 않도록 결을 살살 낸다.

8. 초밥용 밥(샤리)은 20g 정도를 손으로 빚어 와사비를 살짝 바르고, 그 위에 광어살을 올려 완성한다.

색채와 단순함을 사랑한 화가

앙리 마티스(Henri Matisse, 1869~1954)

단순함 속에서 색채의 혁명을 노래하다

앙리 마티스는 20세기 초반을 대표하는 화가로 피카소, 샤갈과 함께 현대 미술의 거장으로 불린다. 후기 인상파의 영향을 받았지만, 그만의 독창적인 스타일로 현대 미술의 새로운 지평을 열었다.

마티스의 작품은 색의 혁명이라고 불릴 만큼 대담하고 혁신적이었으며, 그의 작품세계는 시간이 지날수록 더욱 높이 평가받고 있다.

마티스의 그림은 매우 다채롭다. 어떤 그림은 선이 부드럽고 간결해 하늘을 나는 새의 우아한 날갯짓 같다. 또 다른 그림에서는 과감하고 투박한 선들이 독특한 매력을 자아낸다.

특히 재미있는 건, 마티스의 그림에서 동양적인 느낌이 물씬 풍긴다는 점이다. 한국의 민화를 보는 듯한 착각이 들 때도 있다. 실제로 마티스는 동양 미술에 큰 영향을 받았다고 한다. 이렇게 다양한 스타일을 자유롭게 넘나드는 마티스의 그림들은 미술을 바라보는 새로운 눈을 열어준다.

솔직히 말하면 몇 년 전까지만 해도 나는 마티스에 대해 잘 알지 못했다. 그의 유명한 그림을 보면서도 이름 없는 젊은 작가의 그림이라고 생

마티스, 〈블라우스의 여인〉, 1940. 캔버스에 유화, 92cm×73cm, 퐁피두 국립 근대 미술관

각했다. 지금 생각하면 조금 부끄럽지만, 그때의 경험이 오히려 특별한 추억으로 남았다. 덕분에 그림을 대할 때 선입견 없이 그림 자체를 바라보는 것이 얼마나 중요한지 깨달았다.

대담한 색채로 일상의 아름다움을 표현하다

몇 년 전 우연히 지인이 운영하는 베이커리를 방문했을 때의 일이다. 가게 간판이 유난히 눈에 띄었는데, 알고 보니 그게 마티스의 그림이었다. 그때 처음으로 마티스가 유명한 화가라는 사실을 알게 되었다.

마티스, 〈모자를 쓴 여인〉, 1905. 캔버스에 유화, 80.65cm×59.69cm. 샌프란시스코 현대 미술관

그 순간부터 마티스에 대한 나의 여정이 시작되었다. 이후 나는 마티스의 그림을 보기 위해 미술관을 방문하고, 관련 서적을 읽으며 그의 작품세계에 빠져들었다.

〈모자를 쓴 여인〉은 마치 일기장을 들여다보는 듯한 느낌을 준다. 하루하루 경험을 밑그림 위에 켜켜이 덧칠한 듯하다. 거창한 메시지는 없지만, 오히려 그래서 더 진솔하고 매력적이다. 이 그림을 볼 때마다 나는 내 인생의 순간들을 돌아보게 된다.

마티스, 〈부드러운 머리카락을 가진 나디아〉, 1948. 판화, 56.6cm×37.8cm. 볼티모어 미술관

〈부드러운 머릿결의 나디아〉는 또 다른 매력을 지녔다. 굵고 강한 선으로 그린 담백한 그림이지만, 묘하게 깊은 감정이 전해진다. 마치 누군가의 내면을 한 번에 꿰뚫어 본 듯한 느낌이랄까.

단순하고 간결하면서도 강렬한 인상을 주는 이 그림은 마티스의 천재성이 얼마나 대단한지를 잘 보여준다.

프랑스 북부 출신의 마티스는 84세까지 장수했다. 재미있는 건 그가 처음부터 화가를 꿈꾼 게 아니라는 점이다. 법학을 공부하다 뒤늦게 예술의 길로 접어들었지만, 그의 과감한 색채 표현은 20세기 미술계에 큰 파장을 일으켰다.

이처럼 인생의 전환점은 언제, 어떤 형태로 찾아올지 모른다. 나이나 배경에 상관없이 새로운 도전을 할 수 있다는 것, 그리고 그 도전이 세상을 바꿀 만한 큰 영향력을 가질 수 있다는 것. 아마도 모두의 삶 속에 마티스와 같은 잠재력이 숨어 있을지도 모른다.

중요한 건 그 기회가 왔을 때 두려워하지 않고 받아들일 용기를 갖는 것이다. 인생에서 예상치 못한 전환점이 찾아왔을 때, 그것을 새로운 가능성으로 바라보는 용기를 가져보려 한다.

야수파의 대표 화가 마티스의 그림을 보고 있으면 마치 색채의 폭풍 속에 있는 것 같다. 강렬하고 순수한 색상들이 부딪히며 만들어내는 감정의 파도가 느껴진다.

그의 그림은 나의 감성을 자극하고, 때로는 나를 불편하게 만들기도 한다. 하지만 그것이 바로 예술의 힘이 아닐까 한다.

마티스의 〈블라우스의 여인〉, 〈탬버린을 든 여인〉, 〈알제리아의 여인〉과 같은 그림들은 얼핏 보면 단순해 보이지만, 자세히 들여다보면 복잡한 감정과 깊은 의미가 숨어있다. 특히 〈탬버린을 든 여인〉은 생명력 넘치는 움직임과 원시적 열정을 표현한 걸작으로 평가받는다. 단순화된 형태와 대담한 색채 속에서도 춤과 음악이 주는 자유로움과 기쁨이 생생하게 전달된다.

마티스는 형태를 단순화하면서도 오히려 더 강렬한 표현을 이끌어낸다. 그의 그림을 보고 있으면, 때로는 말보다 침묵이 더 많은 것을 전달할 수 있다는 걸 새삼 깨닫게 된다.

우리 삶에서도 이런 '마티스적 접근'을 시도해 볼 수 있지 않을까? 복잡한 상황에서 본질만 남기고 나머지를 과감히 생략해보는 것이다.

때로는 말을 아끼고 단순한 제스처나 표정으로 마음을 전하는 것, 혹은 일상의 소소한 순간에서 깊은 의미를 발견하는 것. 이런 시도들이 삶을 더욱 풍요롭고 의미 있게 만들어줄 것 같다. 이처럼 마티스의 그림은 단순함 속에 숨겨진 깊이와 아름다움을 발견하는 눈을 갖게 한다.

샐러드는 각각의 재료가 신선한 맛과 컬러를 가지고 있지만, 특별히 그 맛에 대해 깊이 궁금해하지는 않는다. 그림도 마찬가지다. 굳이 복잡한 의미를 부여하거나 강한 메시지를 남길 필요는 없다. 그저 그림을 감

마티스, 〈탬버린을 든 여인〉, 1909.
캔버스에 유화, 92cm×73cm,
푸쉬킨 박물관

마티스, 〈알제리아의 여인〉, 1909.
캔버스에 유화, 81cm×65cm.
퐁피두 센터

상하면서 그 안에서 느껴지는 신선함과 단순함을 즐기면 되는 것이다.

요즘은 요리를 할 때 가끔은 칼로리 걱정을 내려놓고 오직 맛에만 집중할 때가 있다. 마티스의 그림을 감상할 때도 이런 마음가짐이 필요한 것 같다. 깊은 철학적 의미를 찾으려 애쓰기보다는, 그저 그림이 주는 즐거움에 빠져보는 것이다.

마티스의 그림은 따뜻한 수프처럼 오래 바라봐도 부담스럽지 않고 언제든 편안하게 즐길 수 있다. 그의 그림 〈붉은 우산을 쓴 여인이 옆모습으로 앉아 있는 모습〉처럼 말이다. 한 번 보는 것만으로도 마음이 행복해질 수 있다.

마티스의 그림을 감상하다 보니 자연스레 그의 그림처럼 간단하면서도 따뜻한 수프가 먹고 싶어졌다.

이렇게 만든 수프를 한 숟가락 떠먹으면 어떤 기분일까? 아마도 마티스의 그림을 보는 것과 비슷할 것 같다. 단순하지만 깊이 있는 맛, 그리고 따뜻하고 포근한 느낌이 들지 않을까? 그래서 오늘은 이를 바탕으로 마티스의 색감처럼 싱그러운 완두콩 수프를 만들어 볼 계획이다.

마티스가 그의 그림을 통해 전하고자 했던 기쁨과 즐거움의 메시지가 내게 생생히 느껴진다.

앞으로도 나는 마티스의 그림에서 영감을 받아 새로운 요리를 만들고, 그 과정에서 예술과 일상의 경계를 허물어가고 싶다. 마티스가 그랬듯이, 나 또한 내 요리를 통해 사람들에게 작은 기쁨과 위안을 전할 수 있기를 희망한다.

마티스, 〈붉은 우산을 쓴 여인이 옆모습으로 앉아 있는 모습〉, 1919-1921.
캔버스에 유화, 81cm×65cm, 개인소장

싱그러운 색감의 완두콩 수프를 만들다

🔥 재료

버터 1큰술, 통조림 완두콩 150g, 우유 300mL, 휘핑크림 300mL, 양파 1/4개, 대파 흰부분 1줄기, 엑스트라버진 올리브오일 1큰술, 그리시니 1개, 캐비어 1/2작은술, 소금, 후추, 허브

👨‍🍳 그리시니를 곁들인 완두콩 수프 만들기

1. 양파와 대파는 잘게 슬라이스한다.
2. 프라이팬에 버터를 두르고, 양파와 대파를 볶다가 완두콩을 넣어 함께 볶는다.

3. 우유와 휘핑크림을 붓고 약한 불에서 완두콩이 푹 익을 때까지 15~20분간 은근히 끓인다.
4. 믹서에 넣고 곱게 갈아준다. 체에 걸러 준비한 후 소금과 후추로 간을 한다.
5. 수프를 볼에 담는다. 그리시니를 올리고 허브와 캐비어로 예쁘게 장식한다.
6. 마지막으로 수프 위에 엑스트라버진 올리브오일을 떨어뜨린다.

빛과 색으로 그린 행복의 화가

피에르오귀스트 르누아르(Pierre-Auguste Renoir, 1841~1919)

일상의 아름다움을 색채로 노래하다

나는 예전부터 모네의 그림을 정말 좋아한다. 클로드 모네, 그 이름마저 간결하고 울림이 있어 마음에 든다. 우연히 르누아르의 그림을 접하게 되었고, 그의 붓 터치에 매료되어 지금은 집 벽에 걸어둔 그의 그림 몇 점을 애정 어린 눈길로 바라보며 지내고 있다.

르누아르와 모네는 절친한 사이였다고 한다. 아마도 그랬기 때문에 그들의 화풍이 서로 닮아 내 마음을 사로잡았나 보다.

가끔은 르누아르의 그림을 모네의 것으로 착각할 정도로 둘의 그림이 닮아서 혼란스러울 때도 있다. 하지만 그 혼란조차도 내게는 즐거운 고민거리로 다가와 일상에 작은 행복을 더해준다.

르누아르의 〈보트 파티에서의 오찬〉을 볼 때마다 기분이 좋아지고 행복해진다. 그의 그림은 언제나 나를 설레게 한다.

르누아르는 프랑스의 유명한 화가로 모네, 세잔과 함께 인상파 화가로 잘 알려져 있다. 인상파 그림에는 재미있는 특징이 있다. 마치 카메라로 순간을 포착하듯 특정 순간을 그려내는 것이다. 그래서 붓 터치가 짧고

빠르며, 이를 통해 그 순간의 느낌을 생생하게 표현한다. 그리고 빛과 색의 변화를 포착하는 데 특히 효과적이다.

르누아르와 모네의 그림에는 밝고 화사한 색이 많이 사용되었다. 하지만 세잔의 그림은 조금 다르다. 그의 그림은 두 화가에 비해 어둡게 표현되는 경우가 많고 형태와 구조에 더 집중하는 경향이 있어, 후기 인상주의로 분류되기도 한다.

르누아르, 〈보트 파티에서의 오찬〉, 1880-1881. 캔버스에 유화,
130.1cm×175.6cm. 필립스 컬렉션

붓끝으로 삶의 즐거움을 춤추게 하다

"화가는 항상 밝고 아름답고 행복한 그림을 그려야 해." 르누아르는 이렇게 자주 이야기했던 것으로 알려져 있다. 그는 경제적으로 어려운 시기에도 즐거운 곳으로 여행을 다니며 행복한 그림을 그렸다고 한다.

〈물랭 드 라 갈레트의 무도회〉가 바로 그 시기에 그린 그림이다. 이 그

르누아르, 〈물랭 드 라 갈레트의 무도회〉, 1876. 캔버스에 유화,
131cm×175cm. 오르세 미술관

르누아르, 〈산책〉, 1870. 캔버스에 유화, 81.3cm×64.8cm. 게티 센터

림은 전체적으로 밝고 아름다운 데다 그림 속 인물들이 예뻐서 내가 특히 좋아하는 그림이다. 그림 속 인물들의 생동감 넘치는 표정과 움직임이 그 순간을 함께 경험하는 듯한 느낌을 준다.

르누아르의 〈산책〉은 우아한 의상을 입은 여인과 아이들이 공원을 거니는 모습을 나타낸 그림으로, 19세기 파리의 상류층 생활을 엿볼 수 있게 해준다.

이 그림에서는 르누아르 특유의 부드러운 붓 터치와 밝은 색채가 돋보이며, 그가 즐겨 그린 일상의 아름다움과 여유로움이 잘 나타난다.

르누아르, 〈라 그르누이에르에서의 점심 식사〉, 1869. 캔버스에 유화, 65.1cm×92cm. 오스카 라인하르트 컬렉션

르누아르와 모네는 종종 같은 장면을 각자의 시각으로 그리기도 했다. 1872년 센 강변에서 그린 〈라 그르누이에르에서의 점심 식사〉가 대표적인 예이다.

르누아르는 인물을 중심으로 그렸고 모네는 풍경을 중심으로 그렸다. 그래서 르누아르의 그림에서는 인물이 클로즈업되어 있고, 모네의 그림에서는 배경이 강조되어 있다. 이를 통해 동일한 장면이라도 화가의 고유한 시선과 해석에 따라 얼마나 다양하고 독특하게 표현될 수 있는지 생생히 엿볼 수 있다.

나는 두 화가의 그림이 다 좋다. 우리 집 벽을 두 사람의 그림으로 가득 채우는 상상을 하면 가슴이 벅차오른다. 아침에 눈을 뜨면 모네의 〈수련〉이 나를 반기고, 저녁에는 르누아르의 〈시골에서의 춤〉, 〈도시에서의 춤〉이 나를 위로해주는 그런 공간. 지금은 꿈같은 이야기지만, 언젠가 그 꿈이 현실이 되는 날을 그려 본다.

이런 상상은 단순히 그림을 소유하고 싶다는 욕망을 넘어서는 것 같다. 그것은 예술을 일상의 한 부분으로 끌어들이고, 삶을 더욱 풍요롭게 만들고자 하는 열망이 아닐까?

모네의 〈수련〉을 보며 하루를 시작한다면, 하루 내내 자연의 평화로움을 간직할 수 있을 것 같다. 그리고 하루의 끝에 르누아르의 〈시골에서의 춤〉, 〈도시에서의 춤〉을 바라보며, 일상의 소소한 기쁨과 아름다움을 다시 한번 느낄 수 있을 것 같다.

내가 아는 지인은 매일 아침 샴페인을 1시간에 걸쳐 천천히 마신다. 그 모습이 참 행복해 보여서 르누아르의 그림 〈테라스에서〉를 선물했다. 이 그림은 르누아르가 즐겨 그린 일상의 즐거움을 잘 보여주는 예라고 생각했는데, 햇살 가득한 테라스에서의 여유로운 모습이 그 지인과 너무 잘

르누아르, (좌) 〈시골에서의 춤〉, (우) 〈도시에서의 춤〉, 1883.
캔버스에 유화, 각 180cm×90cm. 오르세 미술관

르누아르, 〈두 자매(테라스에서)〉, 1881. 캔버스에 유화,
100cm×80cm. 시카고 미술관

어울렸다.

이 지인의 아침 루틴을 알게 된 후, 나는 일상의 작은 즐거움을 누리는
것에 대한 중요성을 새삼 깨달았다. 르누아르가 그린 〈테라스에서〉의 인
물들처럼, 모두가 각자의 방식으로 삶의 여유와 기쁨을 찾아갈 수 있지
않을까?

샴페인을 마시며 하루를 시작하는 것이 누군가에겐 사치로 보일 수 있
겠지만, 그것은 단순히 술을 마시는 행위를 넘어서는 의미가 있다고 본
다. 이는 자신을 위한 시간을 만들고, 하루를 긍정적으로 시작하는 하나
의 의식과도 같다.

르누아르의 그림 속 인물들이 느꼈을 법한 그 순간의 행복을, 나도 내 방식대로 만들어 갈 수 있지 않을까?

하지만 르누아르의 말년은 관절염으로 손가락이 굳어, 붓을 손에 묶어가며 그렸을 정도였다. 나 역시 30년간 요리사로 일하며 매년 한두 번씩 손가락 통증으로 응급실을 찾다 보니, 르누아르의 고통에 깊이 공감한다.

그럼에도 불구하고 그는 끝까지 밝고 아름다운 그림을 그렸다. 이러한 그의 태도는 화가로서의 열정과 삶에 대한 긍정적인 태도를 잘 보여주며, 나에게도 큰 영감을 준다.

르누아르의 〈오렌지 바구니를 든 소녀〉처럼, 오늘은 르누아르의 그림에서 느껴지는 즐거움과 여유를 담아 샴페인을 마시려고 한다. 간단히 구운 식빵이나 과일을 안주로 삼아도 좋고, 샴페인에 딸기만 띄워 마셔도 좋겠다.

하지만 오늘은 조금 더 특별하게, 르누아르의 그림 속 분위기를 재현해보고 싶어, 연어에 아보카도를 곁들여 볼까 한다. 샴페인 잔에 반사되는 빛, 연어의 선명한 색감, 아보카도의 부드러운 질감, 이 모든 것이 마치 르누아르의 화폭에서

르누아르, 〈오렌지 바구니를 든 소녀〉,
1890. 캔버스에 유화, 130.5cm × 39cm, 개인소장

바로 옮겨온 듯하다. 이 음식들의 색감과 질감이 르누아르의 팔레트를 연상시키는 것 같아 더욱 특별하게 느껴진다.

이렇게 음식을 통해 예술을 경험하는 것도 삶의 기쁨이 아닐까? 오늘, 나만의 특별한 '르누아르 모멘트'를 만들어 볼 생각에 가슴이 뛴다.

그의 그림 〈와르즈몽에서의 어린이들의 오후〉처럼 빛나는 순간을 만들어, 일상 속에서 작은 예술을 창조해내는 것. 이것이야말로 르누아르와 모네가 내게 가르쳐준 삶의 방식이 아닐까 한다.

르누아르, 〈와르즈몽에서의 어린이들의 오후〉, 1884.
캔버스에 유화, 127cm×173cm. 베를린 구 국립 미술관

햇살 속 춤추는 연어 아보카도 베이글을 만든다

🍶 재료

베이글 1개, 연어 필렛 100g, 필라델피아 크림치즈 50g, 아보카도 1/6개, 다진 양파 1작은술, 다진 청·홍피망 1작은술, 엑스트라버진 올리브오일 1큰술, 소금, 후추

👨‍🍳 베이글을 곁들인 연어 아보카도 살사(Salsa) 만들기

1. 아보카도는 씨를 제거하고 껍질을 벗긴 후 1cm 크기의 정사각형 모양으로 자른다.
2. 연어 필렛은 가시를 제거하고 아보카도와 같은 크기로 자른다.
3. 큰 볼에 자른 연어, 아보카도, 다진 양파, 다진 청·홍피망을 넣고 올리브오일, 소금, 후추를 넣어 가볍게 버무린다.
4. 베이글은 반으로 갈라 노릇하게 구워 크림치즈를 바른다.
5. 구운 베이글 위에 연어 아보카도 살사를 얹는다.
6. 베이글을 접시에 담고 레몬 슬라이스나 딜을 곁들여 장식한다.

5
art

해바라기와 별빛의 화가

빈센트 반 고흐 (Vincent van Gogh, 1853~1890)

초록빛 유혹, 예술가의 영혼을 흔들다

빈센트 반 고흐를 이야기할 때, 초록빛 리큐르 압생트를 빼놓을 수 없다. 고흐가 특히 좋아했던 이 술은 그의 예술과 삶에 깊은 흔적을 남겼다. 네덜란드 출신의 고흐가 남프랑스에서 그림을 그릴 때 즐겨 마신 압생트는 단순한 술 이상의 의미를 지녔다. 그것은 그의 창의성을 자극하

고흐, 〈귀에 붕대를 감고 파이프를 문 자화상〉, 1889. 캔버스에 유화, 51cm×45cm. 쿤스트하우스 취리히

고흐, 〈아를의 침실〉, 1889. 캔버스에 유화, 56.5cm×74cm. 오르세 미술관

는 뮤즈이자, 때로는 그를 파멸로 이끄는 악마와도 같았다.

　룸메이트였던 고갱과의 예술적 갈등으로 늘 예민했던 고흐는 어느 날 압생트를 마신 뒤 자신의 귀를 자르는 충격적인 사건을 일으켰다. 정신병을 앓고 있었다고는 하지만 쉽게 이해하기 어려운 행동이었다. 고통과 광기, 천재성이 한데 어우러진 순간으로, 이 사건은 고흐의 삶과 예술세계를 이해하는 중요한 전환점이 되었다.

　목사의 아들로 태어난 고흐는 37세라는 젊은 나이에 생을 마감했다. 그가 즐겨 마신 압생트는 알코올 도수가 70도에 달하는 독한 술이었다. 그 당시 의약용이나 마취제로 쓰일 만큼 강했던 이 술은 오늘날 재즈 바나 클래식한 칵테일 바에서 여전히 인기 있는 메뉴로 남아있다. 압생트의 역사는 예술과 문학의 역사와 깊이 얽혀 있어, 단순한 주류 이상의 문화적 아이콘으로 자리 잡았다.

해바라기와 별빛 사이, 열정과 고독을 그리다

고흐의 그림 중 〈해바라기〉는 특히 유명하다. 얼핏 보면 단순해 보이지만, 그는 이 그림에 엄청난 시간과 열정을 쏟았다. 처음에는 평범해 보이는 이 꽃 그림이 왜 명작으로 평가받는지 의문이 들었다. 하지만 수십 년 동안 보고 또 보다 보니 그 가치를 이해하게 되었다.

〈해바라기〉에는 고흐의 내면세계가 고스란히 담겨있다. 화려하면서도 쓸쓸한, 생명력 넘치면서도 죽음을 앞둔 듯한 이 꽃들은 고흐 자신의 모습을 반영하고 있는 듯하다.

나는 개인적으로 고흐가 정신 요양원에서 창밖의 밤하늘을 보고 그린 〈별이 빛나는 밤〉을 좋아한다. 이 그림을 보고, 나는 남들과 조금 다른 해석을 했다. 밤하늘은 별빛으로만 가득한데도 유난히 밝고 깨끗해서,

고흐, 〈해바라기〉, 1888. 캔버스에 유화, 92cm×73cm. 노이에 피나코테크

고흐, 〈별이 빛나는 밤〉, 1889. 캔버스에 유화, 73cm×92cm. 뉴욕 근대 미술관

어둠이 주는 공포감보다는 오히려 편안하고 서정적이라 좋았다.

　그러나 대부분의 사람들이 보는 이 그림의 메시지는 내가 느낀 감정과는 달랐다. 어둡고 고요한 밤에도 우주의 에너지는 소용돌이치며 끊임없이 생멸(生滅)을 반복하고 있다. 결국, 태어남과 죽음은 자연의 순리이자 기본 철학임을 강하게 표현한 그림이라고 본다.

　고흐는 전도사이자 교사였지만 사랑하는 여인과 맺어지지 못하는 일이 빈번했다. 단순히 애만 태우는 짝사랑을 했는지, 용기가 부족해 기회를 놓친 사랑을 했는지는 알 수 없지만, 그의 삶에 가슴 뛰는 러브스토리

고흐, 〈오베르 근처 평원〉, 1890. 캔버스에 유화, 73.5cm×92cm. 알테 피나코테크

는 별로 없었던 것 같다. 이런 그의 사랑에 대한 갈망과 좌절은 그의 그림 속에 깊이 스며들어 있다. 특히 〈별이 빛나는 밤〉에서 보이는 고독감은 그의 사랑에 대한 열망을 반영하는 듯하다.

고흐는 다른 화가들에 비해 비교적 늦은 27세에 본격적으로 미술을 시작했다. 그는 밀레의 작품에 깊이 매료되어 이웃의 소박한 일상을 그리기도 했지만, 동시에 인상파 화가들의 영향을 받아 자신만의 독특한 터치 기법과 스타일을 발전시켰다.

흥미롭게도, 이러한 늦은 출발이 오히려 고흐만의 독특한 시각과 표현방식을 형성하는 데 중요한 역할을 했다. 그의 다양한 경험과 성숙한 시각이 그림에 깊이를 더했고, 결과적으로 그만의 독창적인 화풍을 탄생시켰다. 특히 〈오베르의 교회〉에서 보이는 강렬한 색채와 대담한 붓 터치는 그의 독특한 예술세계를 잘 보여준다.

그러나 고흐의 그림은 그의 노력에 비해 인기가 없었다. 그는 일반 사람들에게 잘 알려지지 않은 무명 화가였다. 지금은 고흐의 그림이 야수파, 추상파, 표현파의 중요한 모티프로 평가받고 있지만, 생전에 인정받지 못한 것은 참으로 안타까운 일이다.

고흐가 세상에 알려지기 시작한 것은 그가 세상을 떠난 지 11년 후, 그의 그림이 전시되고 남동생 테오의 아내 요하나가 고흐의 일생을 담은 책을 출간하면서부터였다.

고흐의 그림은 생전에 크게 인정받지 못했지만, 그의 삶과 그림은 시간이 지나면서 점차 재평가되었다. 그의 작품들은 오늘날까지도 많은 이들에게 영감과 감동을 주고 있다.

보통 압생트는 초콜릿이나 치즈, 크래커와 함께 마신다. 하지만 나는 왠지 찹스테이크가 어울릴 것 같다. 그의 강렬한 붓질과 대담한 색채만큼이나 독특한 조합이 될 것 같아서다.

만약 내가 그 시대 고흐가 자주 찾던 바(bar)의 주인이었다면, 이런 클래식한 메뉴로 그를 대접했을 때 그가 무척 행복해하지 않았을까?

아마도 그는 압생트의 쓴맛과 스테이크의 풍부한 맛을 음미하며, 자신의 그림에 대해 열정적으로 이야기했을 것이다. 그리고 나는 그의 이야기를 들으며, 아직 세상에 알려지지 않은 천재의 말을 듣고 있다는 사실에 가슴이 뛰었을 것이다.

고흐의 삶과 그림을 마주하다 보면, 예술가의 고뇌와 열정이 내 마음 깊이 와닿는다. 그의 작품들은 단순한 그림 이상의 의미를 품고 있다.

한 예술가의 영혼이 캔버스에 고스란히 담겨 나에게 삶의 아름다움과
고통, 그리고 열정을 조용히 들려준다.

고흐가 그린 오베르의 교회,
그 실제 모습

고흐, 〈오베르의 교회〉, 1890.
캔버스에 유화, 94cm×74cm. 오르세 미술관

별빛처럼 짙은 찹스테이크를 만들다

🍳 재료

마늘 2쪽, 양파 1/4개, 청 · 홍파프리카 1/4개씩, 양송이 2개, 브로콜리 4송이, 스테이크용 쇠고기 300g, 토마토소스 170mL, 우스터소스 50mL, 올리브오일 3큰술, 소금, 후추, 허브

👨‍🍳 찹스테이크 만들기

1. 마늘은 얇게 슬라이스한다.
2. 쇠고기, 양파, 청파프리카, 홍파프리카는 5cm 크기의 사각형 모양으로 자른다.
3. 양송이는 4등분한다.
4. 브로콜리는 한입 크기로 자른 후 살짝 데친다. 곧바로 찬물에 식혀 물기를 제거한다.

5. 프라이팬에 올리브오일을 두른다. 소스를 제외한 모든 재료를 넣고 소금과 후추로 밑간을 한다.
6. 쇠고기와 채소 겉면에 갈색이 돌 때까지 센 불에서 볶는다.
7. 우스터소스와 토마토소스를 넣고 센 불에서 한번 끓인다.
8. 소금으로 간을 맞추고 맛을 본 후 접시에 담는다. 장식용 허브를 올려 완성한다.

르네상스의 우아한 영혼

라파엘로 산치오(Raffaello Sanzio, 1483~1520)

닌자 거북이와 껌 종이, 내 어린 시절의 라파엘

초등학교 시절, 아버지와 함께 주한미군방송(AFN Korea)을 보던 그때가 생각난다. 아버지는 '닌자 거북이' 만화를 즐겨 보셨고, 알파벳을 막 배우기 시작한 나는 그 옆에서 재미있게 TV를 보곤 했다.

지금 생각해보면 참 재밌는 작명이다. 돌연변이 거북이 4형제의 이름이 미켈란젤로, 라파엘(라파엘로), 레오나르도, 도나텔로였다니. 이들 모두가 르네상스 시대를 빛낸 이탈리아의 예술가들이었다. 이 이름들이 훗날 내 인생에 큰 영향을 미칠 줄은 꿈에도 몰랐다.

어릴 적 나는 껌을 참 좋아했다. 그 시절엔 어른이나 아이 할 것 없이 모두가 껌을 즐겼다. 나는 껌 포장지를 우표처럼 모았는데, 그 포장지에는 세계의 미술 그림들이 그려져 있었기 때문이다.

친구들보다 많이 모았을 때면 깡충깡충 뛰며 좋아했던 기억이 난다. 그중에서도 라파엘의 그림이 그려진 껌 종이를 특히 좋아했다. 아마도 TV에서 본 닌자 거북이의 라파엘이 내 머릿속에 남아있었나 보다.

지금 생각해보면, 그 작은 껌 포장지가 세계 명화의 아름다움을 내게

라파엘로, 〈자화상〉, 1504-1506년경. 패널에 템페라,
47.5cm×33cm. 팔라티나 미술관

처음으로 소개해준 셈이다.

이런 소소한 추억들이 모여 지금의 나를 만들었다. 껌 포장지에서 시작된 미술에 대한 관심이 이렇게 오랜 시간 이어질 줄이야. 어릴 적 단순히 모으는 재미로 시작했던 일이 평생의 취미가 될 줄 누가 알았을까? 그 시절의 호기심과 열정이 지금까지 이어져, 아니 오히려 더 깊어진 미술에 대한 애정으로 자리 잡았다.

라파엘로, 〈푸른 왕관을 쓴 마리아〉, 1500-1520. 포플러 패널에 유화,
68cm×48.7cm. 루브르 박물관

지금도 가끔 그 시절 모았던 껌 포장지를 떠올리면 입가에 따스한 미소가 번진다. 그 작은 종잇조각들이 내게 미술의 세계로 들어가는 첫 번째 문을 열어주었으니 말이다. 어쩌면 그때부터 나는 무의식적으로 라파엘로의 아름다운 세계로 이끌리고 있었는지도 모른다.

성스러운 색채로 르네상스의 꿈을 완성하다

라파엘로 산치오는 예수 그리스도와 성모 마리아를 주제로 한 그림을 많이 그렸다. 〈푸른 왕관을 쓴 마리아〉, 〈마리아와 아기 예수〉가 대표적이다. 우르비노에서 태어난 그는 어린 시절 어머니를 여의고, 시인이자 화가였던 아버지에게서 그림을 배웠다. 하지만 11세 때 아버지마저 세상을 떠나자, 숙부의 돌봄 아래 자라게 되었다. 이런 어려운 환경 속에서도 그의 재능은 점차 꽃을 피워갔다.

17세부터 명성을 떨치기 시작한 라파엘로는 37세의 젊은 나이에 세상을 떠났다. 비록 짧은 인생이었지만 그는 정말 위대한 그림을 많이 남긴 화가이다. 그의 그림들은 아름다움과 조화, 균형의 극치를 보여주며, 르네상스 정신을 완벽하게 구현했다고 평가받는다.

바티칸 궁전의 〈라파엘로 방들(Raphael Rooms)〉은 그의 프레스코화로 유명하다. 직접 가보지는 않았지만 이 방들을 통해 이탈리아에서 그의 명성이 얼마나 대단한지 짐작할 수 있다.

〈아테네 학당〉은 그의 대표작으로, 고대 그리스의 철학자들을 한 자리에 모아 놓은 상상의 장면을 그렸다. 특히 이 그림은 르네상스 시대의 인문주의 정신을 완벽하게 표현했다고 평가받는다.

라파엘로의 또 다른 작품으로 〈그리스도의 부활〉이 있다. 이 그림은 그의 후기 작품 중 하나로, 종교적인 주제를 다루면서도 인간적인 감정을 섬세하게 표현했다. 부활한 그리스도의 모습은 경이롭고 장엄하면서도, 주변 병사들의 표정과 자세에서는 놀람과 두려움이 생생하게 드러난다.

이 그림에서 라파엘로는 빛과 색채를 절묘하게 다루어 초자연적인 사건을 마치 눈앞에서 펼쳐지듯이 생생하게 표현했다. 이는 그의 예술적 재능이 정점에 이르렀음을 보여주는 명백한 증거라 할 수 있다.

역사적 기록에 따르면 라파엘로는 다빈치로부터 상당한 영향을 받았다고 한다. 실제로 그의 그림을 감상하다 보면 다빈치의 그림과 유사한 분위기를 느낄 수 있다. 라파엘로의 그림들은 대체로 종교적 주제를 다루고 있어, 특히 신앙인들에게는 경외감을 불러일으킬 만큼 숭고하고 위대하게 다가갈 것이다. 하지만 라파엘로만의 독특한 색채 감각과 섬세한 구도는 그의 그림에 특별한 매력을 더했고, 이것이 그를 르네상스의 위대한 예술가로 만든 중요한 요소가 되었다.

세상은 라파엘로, 다빈치, 미켈란젤로를 르네상스 시대의 3대 거장이라 부른다. 라파엘로의 그림을 감상하다 보면, 가끔은 음식에도 사치를 부리고 싶다는 생각이 든다. 세계 3대 진미 중 하나인 트러플. 이 트러플의 깊은 향과 풍부한 맛이 라파엘로의 그림에서 느껴지는 깊이와 풍성함을 닮았다.

오늘은 레스토랑 손님들에게 트러플을 곁들인 요리를 선보여볼까 한다. 그의 〈아테네 학당〉에서 영감을 받아 여러 가지 재료가 조화롭게 어우러진 요리를 구상해본다. 라파엘로의 그림처럼 정교하고 아름다운 요리를 만들 수 있을까?

라파엘로, 〈아테네 학당〉, 1509. 캔버스에 유화, 550cm×770cm. 바티칸 박물관

라파엘로, 〈그리스도의 부활〉, 1499-1502. 패널에 유화,
52cm×44cm. 상파울루 미술관

손님들은 접시 위에 펼쳐진 작은 르네상스를 경험하게 될 것이다. 요리사인 내게는 이런 순간들이 가장 설레고 행복한 시간이다.

문득 라파엘로의 그림과 내 요리 사이의 연결고리를 발견한다. 아마도 그것은 조화와 균형, 그리고 아름다움을 향한 열정일 것이다. 오늘 나는 주방에서 나만의 작은 르네상스를 만들어낼 것이다. 그 과정에서 어릴 적 껌 포장지를 모으며 느꼈던 그 순수한 설렘이 다시 한 번 피어나길 바란다.

라파엘로,
〈마리아와 아기 예수〉,
1505-1506. 패널에 유화,
107cm×77cm. 우피치 미술관

르네상스의 품격을 담은 전복 라구를 만들다

⚖ 재료

다진 쇠고기 500g, 양파 1개, 당근 1/2개, 다진 마늘 2큰술, 퓨어 올리브오일 50mL, 버터 1큰술, 레드와인 100mL, 토마토소스 500g, 쇠고기 육수 500mL, 전복 1마리, 다진 트러플 1큰술, 소금, 후춧가루

👨‍🍳 트러플을 곁들인 라구소스와 전복 만들기

1. 양파는 3cm, 당근은 1cm 크기의 주사위 모양으로 자른다.
2. 큰 냄비에 올리브오일을 두르고 다진 마늘을 황금빛이 될 때까지 볶는다.
3. 다른 팬에 다진 쇠고기를 넣고 갈색으로 익을 때까지 볶은 후, 레드와인 50mL를 붓고 중불에서 졸인다.
4. 양파와 당근을 넣고 함께 볶다가 남은 레드와인을 붓고 더 졸인다.
5. 쇠고기 육수와 토마토소스를 넣고 끓기 시작하면 약불로 줄여 1시간 동안 가끔 저어가며 졸인다. 소금과 후춧가루로 간을 한다.
6. 라구소스가 졸아드는 동안 전복을 손질한다.
7. 졸인 라구소스에 다진 트러플을 섞어둔다.
8. 작은 팬에 버터를 녹이고 전복을 넣어 뚜껑을 덮은 후, 약불에서 앞뒤로 뒤집어가며 버터를 입히듯 부드럽게 익힌다.
9. 접시에 라구소스 3큰술을 담고 버터에 익힌 전복을 올려 완성한다.

어둠 속에서 찾은 빛의 화가

폴 세잔(Paul Cézanne, 1839~1906)

내면의 어둠을 넘어 표현의 빛을 밝히다

19세기 말 프랑스의 화가 폴 세잔의 초기 그림들은 대체로 어두운 분위기를 띤다. 후기로 갈수록 밝고 다채로운 색채를 사용했지만, 일부 비평가들은 여전히 그의 그림을 '밀실공포증 같이 어둡다.'라고 표현했다. 이는 세간의 예술세계가 마치 한 사람의 인생이 변화하듯 시간의 흐름 속에서 진화해 갔음을 보여준다.

그림에도 유행이 있었던 것 같다. 고갱이나 고흐의 초기 그림들도 상대적으로 어두운 색채를 사용했지만, 후기로 갈수록 밝고 강렬한 색채를 사용하는 경향을 보였다. 그렇다고 당시의 화가들이 모두 가난에 찌들어 살았던 건 아니다. 이는 예술가들의 개인적 경험과 시대적 흐름이 복합적으로 작용한 결과로 볼 수 있다. 마치 요리사가 시간이 지남에 따라 새로운 재료와 기술을 발견하고 적용하듯, 화가들도 자신만의 색채 언어를 발전시켜 나갔다.

당시 화가들이 어두운 색채를 주로 사용한 이유는 시대적 배경과 밀접한 관련이 있다. 급속한 산업화, 이데올로기로 인한 큰 전쟁, 약소국의

세잔, 〈빨간 조끼를 입은 소년〉, 1888~1890. 캔버스에 유화,
79.5cm×64cm, 파운데이션 EG 뷔를레 컬렉션

인권 억압 등 사회적, 정치적 혼란이 화가들에게 깊은 영향을 미쳤고, 그들은 그림을 통해 그 시대의 어두운 현실을 반영하고 표현했다. 세잔의 그림 역시 이러한 시대적 맥락 속에서 이해할 수 있다.

개인의 감정이 예술적 색채로 피어나다

어느 겨울날, 내가 세잔의 그림을 보고 있을 때, 친구에게서 전화가 왔다. 보일러가 고장 나서 방이 너무 춥다며 호들갑을 떨었다. 그 때문인지, 세잔의 그림이 마치 한겨울 밤 보일러가 돌지 않는 친구의 방처럼 차갑고 어둡게 느껴졌다. 세잔의 그림 속 어두운 색채와 분위기가 친구의 상황과 겹쳐져 그 순간 더욱 차갑게 다가왔다.

세잔, 〈목욕하는 사람들〉, 1892-1894. 캔버스에 유화, 50cm×60cm. 오르세 미술관

세잔은 1839년 프랑스 엑상프로방스의 비교적 부유한 가정에서 태어났다. 그러나 엄격한 아버지의 훈육과 사생아로서의 불안감 등으로 우울증을 앓기도 했다. 그럼에도 불구하고 그림에 대한 꿈을 버리지 않고 꾸준히 노력해 자신만의 독창적인 화법을 개발해냈다.

마치 복잡한 요리에 다양한 재료가 어우러져 독특한 맛을 내듯, 세잔의 삶의 경험들이 그림에 녹아들어 독특한 예술세계를 만들어냈다.

세잔의 그림은 기존의 인상파 화법에 깊이와 감정을 더해, 보는 이로 하여금 더욱 풍부한 감정을 느끼게 한다. 이는 마치 가수가 고음과 저음을 자연스럽게 넘나들며 듣는 이가 편안하게 음악을 감상할 수 있도록 하는 것과 같다. 그의 그림은 단순한 시각적 아름다움을 넘어 감정적 울림을 준다.

세잔, 〈사과와 오렌지가 있는 정물〉, 1895-1900. 캔버스에 유화, 73cm×92cm. 오르세 미술관

형태의 본질을 색으로 해체하다

세잔의 대표작 중 하나인 〈카드놀이하는 사람들〉은 그의 예술적 특징
을 잘 보여주는 그림이다. 이 그림에서 세잔은 일상적인 장면을 묘사하

세잔, 〈카드놀이하는 사람들〉, 1894-1895. 캔버스에 유화, 47.5cm×57cm. 오르세 미술관

면서도, 인물들의 자세와 구도를 통해 긴장감과 집중력을 표현했다. 카드를 들고 있는 농부들의 굳건한 모습이 마치 조각상처럼 견고하면서도 생동감 있게 그려져 있다.

같은 시기에 그린 〈빨간 조끼를 입은 소년〉에서는 아버지의 애정과 거리감을 동시에 표현해 인물화에 대한 그의 깊은 통찰력을 보여준다. 또한 〈프랑수아 졸라 댐〉은 세잔의 후기 풍경화 중 하나로, 자연을 기하학적 형태로 단순화하는 그의 독특한 스타일을 잘 보여준다.

세잔은 말년에 잔병치레가 잦았다. 몸이 불편해 사람들을 거의 만나지 않았고, 오로지 그림에만 몰두했다고 한다. 1906년 10월, 야외에서 그림을 그리던 중 쓰러져 병원에 입원했고, 결국 평소 앓고 있던 당뇨로 인한 합병증을 이겨내지 못하고 세상을 떠났다. 하지만 생의 마지막 순간까지도 그림에 대한 열정은 식지 않았다.

세잔의 그림은 자연과 일상의 풍경을 담백하면서도 깊이 있게 표현하며, 인상파의 또 다른 면모를 보여준다. 그의 그림은 단순히 시각적인 아름다움을 넘어서 내면의 감정과 삶의 이야기를 담고 있다. 특히 그의 정물화와 풍경화는 단순한 재현을 넘어 대상의 본질을 탐구하는 깊이 있는 작품들이다.

세잔의 그림을 요리에 비유하면, 초콜릿의 묵직한 쓴맛과 크림의 가벼운 단맛이 절묘하게 어우러진 디저트와 같다. 클래식한 맛을 기본으로 하면서도 적당한 달콤함으로 균형을 이루어 누구나 즐길 수 있는 맛을 만들어낸다.

그의 그림은 처음 보면 이해하기 어려울 수 있지만, 오래 바라볼수록 깊은 매력이 드러난다. 마치 복잡한 요리가 시간이 지날수록 깊은 맛을 내듯이.

세잔의 그림 중에는 따뜻한 톤의 황갈색 계열을 사용한 것들이 있는데, 마들렌의 누런빛이 그러한 색감과 유사해 그의 그림과 비슷하게 느껴지기도 한다. 이처럼 일상의 작은 발견이 그림을 이해하는 새로운 관점이 되기도 한다.

문득 마들렌 한 조각과 따뜻한 라테를 세잔에게 건네고 싶다는 생각이 든다.

잠시 상상해본다. 만약 세잔이 따뜻한 마음으로 그림을 그렸다면, 그의 그림은 어떻게 달라졌을까?

세잔의 그림은 그의 내면에 자리한 고독과 우울을 담고 있지만, 그 진솔함이 바로 그의 그림을 특별하게 만든다. 아마도 이 따뜻함은 그의 작품 속에 이미 숨겨져 있을지도 모른다.

그에게 라테와 마들렌을 건네며 그의 그림을 감상할 수 있다면, 그 순간만큼은 그림 속에 숨겨진 따뜻한 감정과 교감할 수 있을 것 같다. 그 순간이야말로 예술과 일상이 완벽하게 하나가 되는 특별한 시간이 될 것이다.

세잔의 그림처럼 우리의 일상도 때로는 어둡고 고독할 수 있지만, 그 속에서

세잔, 〈프랑수아 졸라 댐〉, 1879년경. 캔버스에 유화, 53.5cm×72.4cm. 웨일스 국립 박물관

도 아름다움과 의미를 발견할 수 있다는 것을 기억하고 싶다. 그의 그림
이 내게 가르쳐주는 건 삶의 모든 순간, 심지어 가장 어두운 순간조차도
그 자체로 아름답고 의미 있다는 것.

오늘 나는 세잔의 그림 〈예술가의 아버지〉를 바라보며 라테 한 잔을
마시려 한다. 그 순간, 세잔과 함께 삶의 깊이와 아름다움에 대해 묵상할
것이다. 마치 세잔이 그림을 통해 내게 이야기를 건네듯, 나 역시 그의
그림과 대화를 나누며 내 삶의 색채를 찾아갈 수 있기를 바란다.

세잔, 〈예술가의 아버지〉, 1866.
캔버스에 유화,
198.5cm × 119.3cm.
국립 미술관

기하학으로 구운 따뜻한 마들렌을 만들다

🍯 재료

달걀 2개, 중력분 200g, 설탕 80g, 꿀 20g, 버터 80g, 베이킹파우더 3g, 채 친 레몬 껍질 1/2개

👨‍🍳 디저트 마들렌 만들기

1. 달걀은 풀어서 준비하고, 버터는 전자레인지에 살짝 돌려 부드럽게 녹인다.

2. 중력분을 고운체에 걸러 볼에 담고 설탕, 꿀, 푼 달걀, 베이킹파우더를 넣는다.

3. 레몬 껍질을 치즈 채칼로 갈아서 제스트를 만들어 넣는다.

4. 모든 재료를 주걱으로 부드럽게 섞어 부드러운 반죽을 만든다.

5. 반죽을 랩으로 싸서 냉장고에서 6시간 정도 휴지시킨다.

6. 마들렌 틀에 녹인 버터를 얇게 바르고 밀가루를 살짝 뿌린 뒤, 남은 밀가루는 털어낸다.

7. 마들렌 반죽을 짤주머니에 담아 마들렌 틀에 80%만 채운 뒤 180℃로 예열된 오븐에서 10분 정도 굽는다.

8. 구운 마들렌을 틀에서 조심스럽게 떼어낸다.

9. 바람이 잘 통하는 그릴이나 트레이 위에 올려 식힌다.

피렌체의 봄을 그린 작은 술통

산드로 보티첼리(Sandro Botticelli, 1445?~1510)

신화 속에서 봄을 그리다

1445년경 이탈리아 피렌체에서 태어난 산드로 보티첼리. 그의 본명은
알렉산드로 디 마리아노 필리페피지만, '작은 술통'이라는 뜻의 별명으로

보티첼리, 〈비너스의 탄생〉, 1484-1486. 캔버스에 템페라, 173cm×279cm. 우피치 미술관

더 친숙하다. 이 별명은 그의 체형이나 성격과 관련이 있을 것이라는 추측이 있지만, 정확한 유래는 알려져 있지 않다.

보티첼리를 이해하기 위해서는 먼저 메디치 가문을 알아야 한다. 15세기부터 17세기까지 피렌체를 실질적으로 지배하며 4명의 교황을 배출한 이 가문은 미술 분야에 아낌없는 후원을 했다.

미켈란젤로와 마찬가지로, 보티첼리도 이 가문의 지원 아래 성장한 미술가 중 하나였다. 메디치 가문의 후원은 르네상스 예술의 발전에 결정적인 역할을 했으며, 보티첼리의 작품세계에도 큰 영향을 미쳤다.

초기에는 주로 선이 굵은 그림을 그렸다. 하지만 함께 작업하던 동료들이 근육질의 인물을 사실적으로 묘사하는 것을 보고, 그는 자신만의 독특한 미술 기법을 창안해냈다. 이 새로운 기법을 바탕으로 〈비너스의 탄생〉, 〈봄〉 등 그의 명작들이 하나하나 완성되었다.

특히 내가 매력을 느끼는 그림은 〈봄(프리마베라)〉이다. 메디치 가문의 첫 주문으로 그려진 이 그림은 오른쪽에서 왼쪽으로 이야기가 전개되는 독특한 구조를 가지고 있다.

이 그림은 단순히 아름다운 것을 넘어, 깊고 다양한 상징과 철학적 의미를 담고 있다. 그래서 오늘날까지도 수많은 학자와 예술가들에 의해 새로운 해석이 이어지고 있다.

그림 속 각 요소가 지닌 의미와 그들 간의 관계를 풀어내는 과정은 마치 복잡한 퍼즐을 맞추는 것 같다. 이는 보는 이로 하여금 지적 호기심과 미적 감상을 동시에 자극한다.

오른쪽의 푸른 옷을 입은 바람의 신 제피로스가 대지의 요정 클로리스에게 다가가자, 놀란 클로리스의 입에서 장미꽃이 쏟아진다. 이후 클로리스는 화려한 꽃 의상을 입고 봄의 여신 플로라로 변신한다.

보티첼리, 〈봄〉, 1480. 패널에 템페라, 203cm×314cm. 우피치 미술관

　그림의 중앙에는 붉은 숄을 두른 미의 여신 비너스가 서 있고, 그 위에
는 눈을 가리고 화살을 쏘는 사랑의 신 에로스가 있다.
　비너스의 왼쪽에는 순결, 사랑, 아름다움의 여신인 삼미신(三美神)과
이 그림에서 유일한 남자인 헤르메스가 봄꽃이 만발한 저녁 숲속에 나타

난다. 헤르메스는 전령의 신이자 상업의 신, 도둑의 신, 지혜의 신이기도 하다.

이 그림의 해석은 평론가마다 조금씩 다르지만, 대체로 신화 속 신들의 봄나들이를 표현한 것으로 보인다. 로마 신화의 신들이 이탈리아 화가들의 그림에 자주 등장하는 것은 대부분 부유한 후원자들의 주문 때문이었다고 한다.

신성과 아름다움을 화폭에 담다

보티첼리의 작품세계는 신화적 주제뿐만 아니라 종교적 주제에서도 빛을 발한다. 〈6명의 천사와 세례자 요한과 함께 있는 성모와 아기 예수〉는 성모 마리아와 아기 예수를 중심으로 한 천상의 모습을 아름답게 묘사하고 있다.

이 그림에서 보티첼리 특유의 섬세한 선과 부드러운 색채가 잘 드러나며, 인물들의 표정과 자세에서 경건함과 우아함이 느껴진다.

또 다른 그림 〈마돈나와 아이 그리고 두 천사〉에서는 보티첼리의 인물 묘사 능력이 돋보인다. 성모 마리아와 아기 예수, 그리고 그들을 둘러싼 천사들의 모습이 마치 살아있는 듯 생생하게 표현되어 있다. 특히 이 그림에서는 인물들의 눈빛과 표정에서 깊은 감정이 전해져, 보는 이로 하여금 경외감을 느끼게 한다.

보티첼리, 〈6명의 천사와 세례자 요한과 함께 있는
성모와 아기 예수〉, 1448-1490. 패널에 템페라,
지름 170cm. 보르게세 미술관

보티첼리, 〈마돈나 오브 더 마니피캇〉,
1480년경. 패널에 템페라,
지름 63cm, 개인소장

　이러한 종교화들은 보티첼리가 단순히 신화적 주제만을 다루는 화가
가 아니라, 당시 기독교 문화의 핵심을 예술적으로 승화시킬 수 있는 깊
이 있는 화가였음을 보여준다. 그의 그림들은 르네상스 시대의 종교적
열정과 예술적 혁신이 어우러진 결정체라 할 수 있다.

　신화는 어떻게 만들어졌을까? 옛사람들은 다양한 이유로 신에 대한 이
야기를 흥미롭게 지어냈고, 이러한 이야기들은 오랜 세월을 거치면서 조
금씩 과장되며 전해졌다. 결국 이 이야기들이 그림이나 문자로 기록되면
서 신화로 남게 되었다.

　보티첼리의 그림은 이러한 신화를 시각적으로 재해석하여 르네상스
시대의 미적 감각과 철학적 사고를 결합했다.

　나는 보티첼리를 떠올릴 때마다 한 가지 의문이 생긴다. 그는 왜 '작은

술통'이라는 별명을 이름처럼 사용했을까? 혹시 이 별명에 그의 성격이나 삶의 일면이 반영되어 있는 것은 아닐까? 당시 예술가들에게 별명이 붙는 것은 흔한 일이었지만, 보티첼리처럼 그것을 적극적으로 사용한 경우는 드물었다.

이런 의문을 통해 르네상스 시대 예술가들의 삶과 정체성에 대해 다시 한번 생각하게 된다. 그들의 별명 하나에도 당시의 문화와 사회가 담겨 있었을까? 이런 작은 호기심이 나를 르네상스 시대로 이끌어 예술가들의 삶을 새로운 시각으로 바라보게 한다.

오후에 잠깐 시간을 내 미술관에 들렀다. 그곳에서 보티첼리의 그림들을 감상하며 깊은 인상을 받았다. 보티첼리의 그림을 보면 신화적인 요

보티첼리,
〈마돈나와 아이 그리고 두 천사〉,
1468. 패널에 템페라,
100cm×71cm.
카포디몬테 국립 박물관

소가 많아서인지 화려하고 웅장하다. 그의 붓 터치 하나하나가 마치 정교한 요리의 플레이팅처럼 느껴진다. 맛으로 표현하자면 섬세하고 풍부한 향과 깊은 맛을 지닌 음식과 같다.

처음에는 고기의 진한 느낌을 떠올렸지만, 곧 그것보다는 여러 채소가 어우러져 화려한 맛을 내는 음식이 더 어울릴 것 같다는 생각이 들었다. 레스토랑으로 돌아오는 길에 마음속에서 새로운 요리의 모습이 그려지기 시작했다.

옐로 토마토소를 중심으로 한 샐러드 요리. 상큼하면서 부드러운 옐로 토마토소스로 맛을 내고, 다양한 채소들을 이용해 신선함을 담아내고 싶다. 마치 보티첼리의 〈봄〉에서 본 듯한 화사하고 생동감 넘치는 요리를 만들 수 있을 것 같다.

보티첼리, 〈아펠레스의 중상모략〉, 1496-1497년경. 패널에 템페라, 62cm×91cm. 우피치 미술관

햇살을 머금은 가든 샐러드를 만들다

🥛 재료

옐로 토마토소스 300g, 크림치즈 3큰
술, 레몬 1/2개, 바질 오일 30mL, 줄
기 당근 3줄기, 브로콜리 · 콜리플라워
2조각씩, 부라타 치즈, 미니 양배추 ·
방울토마토 · 캔 아티초크 · 무화과
1개씩, 허브, 식용 꽃, 래디시, 소금,
후추

👨‍🍳 옐로 토마토소스와 샐러드 만들기

1. 믹서에 옐로 토마토소스, 크림치즈, 소금, 후추, 바질 오일, 레몬즙을
   넣고 곱게 갈아준다. 체에 걸러 냉장 보관한다.
2. 줄기 당근은 끓는 물에 데쳐 찬물에 식힌 다음, 물기를 제거한다.
3. 브로콜리와 콜리플라워는 각각 작은 크기로 뜯고, 미니 양배추는 4등
   분한 뒤, 끓는 물에 데쳐 찬물에 식힌 후 물기를 제거한다.
4. 캔에 들어있는 아티초크는 건져내 키친타월로 살짝 눌러 기름을 제거
   한다.
5. 방울토마토는 2등분, 무화과는 4등분, 래디시는 얇게 슬라이스한다.
6. 접시 전체에 준비해둔 옐로 토마토소스를 골고루 펴 바른 후, 준비한
   재료들을 색감에 맞춰 배치한다.
7. 허브, 식용 꽃, 부라타 치즈를 올린 뒤, 바질 오일을 뿌려 마무리한다.

절규하는 영혼의 화가

에드바르드 뭉크(Edvard Munch, 1863~1944)

뭉크, 〈다리 위의 소녀들〉, 1901. 캔버스에 유화, 136cm×125cm. 오슬로 국립 미술관

죽음과 불안 속에서 깊은 슬픔을 화폭에 담다

오스트리아에 에곤 실레가 있다면, 노르웨이에는 에드바르드 뭉크라는 미술의 거장이 있다. 그의 이름은 생소할지 모르지만 〈절규〉라는 그림은 누구나 한 번쯤 본 적이 있을 것이다. 이 그림은 현대인의 불안과 공포를 상징하는 아이콘으로 자리 잡았다.

뭉크는 노르웨이 로텐에서 5남매 중 둘째로 태어났다. 하지만 어린 시절부터 시련이 많았다. 5세 때 어머니를 결핵으로 잃었고, 얼마 지나지 않아 누나마저 같은 병으로 세상을 떠났다. 성인이 되어서도 아버지를 잃으며, 오랫동안 깊은 우울증에 시달렸다. 이런 상실의 경험들이 뭉크의 작품세계를 형성하는 데 결정적인 영향을 미쳤을 것이다.

군대 의사였던 뭉크의 아버지는 아들이 기술대학을 졸업하고 유능한 엔지니어가 되기를 원했다. 하지만 병약했던 뭉크는 화가의 꿈을 좇아 그림 공부를 시작했다. 이는 그의 내면의 목소리에 귀 기울이는 용기 있는 선택이었다.

뭉크의 예술적 상상력은 대부분 죽음을 모티프로 한다고 해도 지나치지 않다. 이는 그의 삶이 언제나 죽음과 밀접하게 맞닿아 있었기 때문이며, 이러한 경험들은 그의 그림에 깊이 스며들어 있다. 그의 그림들은 단순한 그림이 아니라, 작가의 영혼이 투영된 감정의 기록 같이 느껴진다.

이러한 특징은 그의 다른 그림에서도 잘 드러난다. 〈다리 위의 소녀들〉은 언뜻 보기에 평화로운 장면 같지만, 자세히 들여다보면 불안과 고독이 감돈다. 다리 위에 서 있는 소녀들의 모습은 마치 삶과 죽음의 경계에 서 있는 듯한 느낌을 준다.

또 다른 그림 〈죽음의 투쟁〉은 뭉크의 죽음에 대한 집착을 극명하게 보

뭉크, 〈죽음의 투쟁〉, 1915. 캔버스에 유화, 140.3cm×182.4cm. 국립 미술관

여준다. 병상에 누워있는 인물과 그 주변의 어두운 형상들은 죽음의 공포
와 생명의 마지막 순간을 강렬하게 표현하고 있다. 이 그림은 뭉크가 어
린 시절 경험한 가족의 죽음과 그로 인한 트라우마를 반영하고 있다.

일찍이 뭉크의 재능을 알아본 후원자 덕분에 그는 파리로 여행을 떠났
고, 그곳에서 후원자의 형수와 사랑에 빠지게 되었다. 당시 예술가들의
사랑은 대개 자유로웠다. 그녀가 얼마나 아름다웠는지는 알 수 없지만
뭉크의 마음을 사로잡았음은 분명해 보인다.

그러나 모든 일에는 끝이 있듯, 뭉크는 결국 그녀와 헤어졌다. 이후 그
는 〈흡혈귀〉와 같이 여자를 가증스럽고 이중적인 존재로 표현했다.

뭉크, 〈흡혈귀〉, 1895. 캔버스에 유화, 91cm×109cm. 뭉크 미술관

뭉크, 〈마돈나〉, 1895-1902. 석판화,
60.5cm×44.4cm. 오하라 미술관

고독한 붓질, 세상의 울림이 되다

뭉크가 주목받게 된 계기는 베를린 초청 전시회였다. 언론은 그의 그림이 지나치게 우울하다고 평가했고, 결국 뭉크는 8일 만에 전시회를 철수시켰다.

하지만 전시를 끝까지 마치지 않은 것이 오히려 큰 화제가 되면서 그는 더욱 유명해졌고, 그의 걸작 〈절규〉도 비로소 주목받기 시작했다.

사실 누구나 사춘기 때는 삶과 죽음, 그리고 사후세계에 대해 한 번쯤 궁금해하고 자신의 삶에 철학적인 의미를 부여해보기도 한다. 그렇지만 뭉크가 어린 시절 느꼈던 두려움과 공포는 이런 일반적인 고민과는 비교할 수 없을 만큼 그를 짓눌렀을 것이다.

〈절규〉는 뭉크의 솔직한 내면을 그린 그림이지만, 현대를 살아가는 우리의 불안한 삶을 대변하는 것 같아 가슴이 먹먹해진다. 이 그림이 오늘날까지도 많은 이들에게 공감을 얻는 이유가 바로 여기에 있다.

뭉크는 유명한 화가가 되어 노르웨이 고향으로 돌아와 다시 사랑에 빠졌지만 결혼 문제로 갈등을 겪다가 여성이 든 총에 손가락이 잘리는 불운을 겪었다.

이후 정신병원에 몇 개월 동안 입원하기도 했지만, 노년에는 비교적 편안하고 안정적인 풍경화나 자화상을 그렸다. 이는 그의 인생과 예술이 결국 어느 정도의 평화를 찾았음을 보여주는 듯하다.

80세에 생을 마감한 뭉크는 죽기 전 자신의 그림들을 시에 기증했다. 그의 인생은 슬프고 우울한 시간이 대부분이었지만, 그는 죽음에 대한 두려움을 예술로 승화시켰다.

뭉크, 〈절규〉, 1893. 캔버스에 유화와 템페라와 파스텔, 91cm×73.5cm. 오슬로 국립 미술관

원초적 감정을 날것의 맛으로 담아내다

뭉크의 그림에는 우울, 고독, 슬픔, 배신, 죽음 등 원초적인 감정들이 가득 담겨있다. 이러한 날것의 감정에서 영감을 받아, 나도 가공되지 않은 재료로 요리를 만들어 보고 싶다. 뭉크가 그림으로 표현한 이 강렬한 감정을 요리로 표현해 보고 싶은 마음이 든다.

그러다 문득 비프 타르타르가 떠올랐다. 가열되지 않은 쇠고기의 붉은 색은 뭉크의 그림 속 강렬한 붉은색을 떠오르게 하고, 칼로 다진 고기의 거친 질감은 자연 그대로의 느낌을 준다.

이 날것의 요리가 나의 원초적인 감정을 일깨우지 않을까? 마치 뭉크의 그림이 내 깊은 내면을 건드리는 것처럼 말이다.

뭉크의 그림처럼 비프 타르타르도 강렬한 체험을 선사할 것이다.

오늘 나는 이 요리를 통해 뭉크의 작품세계에 한 발짝 더 다가가 보려 한다. 그의 그림이 불편함과 동시에 깊은 통찰을 주듯이, 이 요리 역시 나의 미각을 자극하고 감정을 일깨울 것이다. 그 순간, 나는 새로운 시각 으로 뭉크의 그림을 이해할 수 있을 것 같다.

절규하는 맛의 비프 타르타르을 만들다

⚖ 재료

육회용 홍두깨살 100g, 다진 적양파 1/2큰술, 애호박 1/3개, 다진 블랙 올리브 1/2큰술, 트러플 페이스트 1작은술, 캐비어 1큰술, 소금, 후추, 설탕, 엑스트라버진 올리브오일, 허브

👨‍🍳 비프 타르트 만들기

1. 애호박을 채칼로 얇게 슬라이스한 후, 한 장씩 펴서 팬에 겹치지 않게 깔고 올리브오일을 얇게 바른다.
2. 소금과 후추를 뿌리고 10분 후 키친타월로 물기를 제거한다.
3. 블랙 올리브는 잘게 다지고, 양파는 아주 잘게 다져 물에 담가 매운맛을 뺀다.
4. 홍두깨살을 잘게 다진 후 다진 양파, 올리브, 소금, 후추, 올리브오일을 넣고 간을 맞춘다.
5. 간을 맞춘 홍두깨살을 랩을 깔고 김밥 싸듯 손가락 굵기의 원통 모양으로 만들어 랩으로 감싼다.
6. 슬라이스한 애호박을 홍두깨살 위에 겹쳐 올리고, 다시 한 번 랩으로 감싸 모양을 잡은 후, 롤을 한입 크기로 자른다.
7. 랩을 제거하고 접시에 담아 캐비어를 조금씩 얹고, 트러플 페이스트와 허브로 장식한다.

10
art

선과 색의 조화를 그린 화가

피트 몬드리안(Piet Mondriaan, 1872~1944)

단순함 속에서 본질을 탐구하다

언젠가 살바도르 달리의 전시회에서 흥미로운 것을 발견한 적이 있다. 달리가 유명 화가들의 그림을 평가한 도표에서 피트 몬드리안의 그림은 120점 만점에 대부분 0점이었다. 몬드리안의 그림에 대한 달리의 평가는 매우 인색했다. 왜 그랬을까?

달리의 그림은 복잡하고 초현실적이지만 몬드리안의 그림은 매우 단순하고 추상적이다. 달리가 몬드리안의 그림을 이해하기 어려웠던 건 이 두 사람의 스타일 차이가 너무 커서일지도 모른다. 이는 예술의 세계에서 서로 다른 접근 방식이 얼마나 크게 대비될 수 있는지를 보여주는 좋은 사례이다.

네덜란드 출신의 몬드리안은 처음에는 자연의 아름다운 풍경과 정물화를 그렸다. 그러나 마티스의 그림에 충격을 받은 후, 자신의 그림이 대중에게 충분히 어필되지 않는다는 것을 깨닫고 파리로 유학을 떠나 자신만의 화법을 찾기 시작했다.

몬드리안의 초기 작품 중 하나인 〈노란색 모자를 쓴 여성의 초상화〉는

몬드리안, 〈노란색 모자를 쓴 여성의 초상화〉, 1910–1912년경.
캔버스에 유화, 56cm×43cm, 펀다티 박물관

그의 예술적 변화를 잘 보여주는 그림이다. 이 그림에서는 아직 현실적인 형태가 남아있지만, 이미 단순화와 추상화에 대한 그의 관심이 드러나기 시작한다. 여성의 얼굴과 모자는 색채의 세부 표현이 절제되어 있으며, 형태 또한 점차 단순화된 모습을 보인다.

몬드리안의 그림 중 〈진화〉는 인간의 영적 성장과 내면의 변화를 상징적으로 표현한 그림으로, 그가 추상적 스타일로 나아가는 과도기를 보여준다. 이러한 그림들은 몬드리안이 후에 발전시킬 네오플라스티시즘(기하학적 형태와 기본 색상만을 사용해 순수한 추상성과 조화를 추구하는 예술운동)의 씨앗을 담고 있는 중요한 전환점이라 할 수 있다.

몬드리안은 점차 '채색 위주에서 드로잉으로' 이행하며, 색채를 최소화

몬드리안, 〈진화〉, 1911. 캔버스에 유화, 64cm×118cm. 헤이그 미술관

하고 선의 간결함을 강조하는 방향으로 나아갔다. "나무를 그렸더니 선 (線)만 남더라."라는 그의 말은 자연의 본질을 추상적 형태로 환원하고자 했던 그의 작품 철학을 잘 보여준다.

〈여름, 젤란트의 모래언덕〉은 자연을 바라보는 그의 시선과 단순화된 형태가 돋보이는 그림이다. 모래언덕과 하늘을 사실적이면서도 절제된 색상으로 표현했다.

어떻게 보면 몬드리안 그림은 보는 재미가 없다. 스토리만 존재할 뿐 그림 속 주인공의 역사나 배경을 찾아볼 수가 없다. 이러한 특징들이 달 리가 몬드리안의 그림을 낮게 평가한 이유였을 것이다.

하지만 역설적이게도, 바로 이 단순함이 몬드리안 예술의 본질이자 가 장 큰 매력이라 할 수 있다.

몬드리안, 〈여름, 젤란트의 모래언덕〉, 1910. 캔버스에 유화, 134cm×195cm. 솔로몬 R. 구겐하임 미술관

기하학으로 순수한 조화를 그리다

나는 학창시절 미술시간에 몬드리안의 그림을 따라 그리는 것을 좋아했다. 선 사이사이에 색들이 존재하고 그것들이 섞이면서 서로 융화되는 것이 좋았다.

사실은 주위에서 꽤 수학적인 그림을 그리는 학생으로 인정받고 싶었던 마음도 있었다. 지금 생각해보면, 이때의 경험이 그림에 대한 나의 관점을 넓혀주었던 것 같다.

요즘도 그의 그림을 보고 나면 색의 원초적 아름다움과 하모니, 구성 등이 좋아서 요리에 종종 응용해 보는데, 손님들의 반응이 좋다.

〈빨강, 파랑과 노랑의 구성 II〉를 보면, 완벽한 각본에 맞춰져 있는 정형화된 연극 한 편을 보는 것 같다. 유명 배우들의 애드리브조차 허용하지 않는 실력과 영화감독의 깐깐함이라고나 할까? 곡선이라고는 전혀 없는, 오직 2차원적인 직선과 색의 조화뿐이다.

이 그림은 몬드리안의 대표작으로, 그의 작품세계가 가장 잘 드러난 작품 중 하나이다.

그래서인지 육즙이

몬드리안, 〈빨강, 파랑과 노랑의 구성 II〉. 1930. 캔버스에 유화, 46cm×46cm. 쿤스트하우스 취리히

가득한 붉은 스테이크가 떠오른다. 상상만으로도 입안에 군침이 돈다. 그릴 대신 팬에서 겉은 바삭하게, 속은 촉촉하게 익힌 스테이크. 소스를 따로 곁들이지 않아도 충분히 맛있을 것 같다.

하지만 오늘은 생선을 이용해 스테이크를 만들 생각이다. 몬드리안의 접근법을 요리에 적용해보면 어떨까?

콩으로 초록색 소스를, 단호박으로 노란색 소스를, 그리고 라즈베리 퓌레로 빨간색 소스까지. 이 3가지 소스를 생선 스테이크와 함께 플레이팅해 보려 한다. 마치 몬드리안의 캔버스를 보는 것처럼.

알록달록 색감을 주는 게 반드시 좋은 것은 아니지만, 기본 색을 이해하고 이를 조화롭게 어우르면 맛있는 요리를 넘어 시각적인 즐거움까지 선사할 수 있을 것이다.

또한 단순히 맛있는 요리를 만드는 것을 넘어, 예술과 요리의 경계를 허무는 창의적인 실험이 될 테니까.

스테이크를 한입 크기로 자르고, 포크로 고기를 집어 3가지 색의 소스를 휘휘 저어본다. 마치 팔레트 위에서 물감을 섞는 화가가 된 기분이다. 이렇게 맛과 색이 어우러진 한 조각을 입에 넣으면 입안에서 펼쳐지는 색다른 맛의 조화에 감탄이 절로 나올 것 같다. 아마 오늘 식사는 단순한 식사를 넘어, 먹을 수 있는 추상 미술이 될 것이다.

이렇게 몬드리안의 그림을 요리로 재해석하는 과정은 나에게 창조의 기쁨을 선사한다. 예술은 단지 감상하는 것에 그치지 않고, 우리의 일상과 직업에도 영감을 줄 수 있다는 것을 새삼 깨닫게 된다.

오늘 나는 요리사이자 예술가가 되어 몬드리안의 세계를 맛과 향으로 표현해낼 것이다. 이런 경험이 앞으로 나의 요리 인생에 어떤 영향을 미칠지 기대된다.

3원색으로 그려낸 도미 스테이크를 만들다

🔖 재료

도미살 150g, 완두콩 · 라즈베리 퓌레
50g씩, 단호박 100g, 우유 100mL,
휘핑크림 · 조개 육수 200mL, 무 100g,
유자 간장 20mL씩, 물 300mL, 퓨어
올리브오일, 소금, 후추, 허브

👨‍🍳 3가지 소스와 도미 스테이크 만들기

1. 하루 전에 물에 불린 완두콩을 살짝 삶은 후 우유와 휘핑크림을 부어 완전히 익힌 뒤, 갈아서 체에 걸러 간을 하고 얼음물에 식힌다.
2. 단호박은 슬라이스해 남은 우유와 휘핑크림을 냄비에 넣고 끓인 후, 갈아서 체에 걸러 간을 하고 얼음물에 식힌다.
3. 라즈베리 퓌레는 약불에서 졸여 소금과 후추로 간을 한 후 식혀 소스를 완성한다.
4. 무는 원통 모양으로 잘라 물과 조개 육수, 유자 간장을 섞은 냄비에서 2/3 정도만 익힌다.
5. 도미는 비늘을 긁어내고 소금 간을 한 뒤, 올리브오일을 두른 팬에서 껍질면부터 시작해 양면을 바삭하게 굽는다. 미디엄 정도로 익힌다.
6. 구운 도미는 3분간 레스팅하는 동안, 무의 물기를 제거해 접시에 담는다.
7. 도미를 무 위에 올리고 3가지 소스를 접시에 섞이지 않게 담은 후 허브로 장식한다.

욕망을 예술로 승화시킨 화가

에곤 실레(Egon Schiele, 1890~1918)

욕망의 그림자에서 예술의 진실을 찾다

오스트리아는 작은 나라지만 모차르트, 하이든, 슈베르트와 같은 음악가들뿐만 아니라 클림트를 비롯한 유명 화가들을 배출했다. 그중에서도 에곤 실레는 1890년 오스트리아 도나우 강변의 툴른에서 태어났다.

그의 그림은 매우 역동적이지만 때로는 너무 외설적이어서 민망할 때가 있다. 실레의 그림은 보는 이를 불편하게 만들기도 하지만, 동시에 깊은 생각에 잠기게 한다.

안타깝게도 실레는 28세라는 젊은 나이에 세상을 떠났다. 실레의 아내는 세계적으로 유행했던 스페인 독감으로 먼저 세상을 떠났는데, 당시 그녀는 임신 6개월이었다. 아내와 뱃속의 아이를 잃고 슬퍼하던 실레 자신도 3일 뒤 같은 병으로 생을 마감했다. 그의 삶은 비극으로 마무리되었으며, 이러한 죽음과 고통에 대한 감정은 〈죽어가는 에디트 실레의 초상〉과 같은 그림에서도 강하게 드러난다.

참으로 알 수 없는 것이 인간의 마음이다. 자신의 아내가 독감으로 고통스러워할 때, 실레는 그 모습을 그림으로 남겼다. 그림이 완성된 지 며

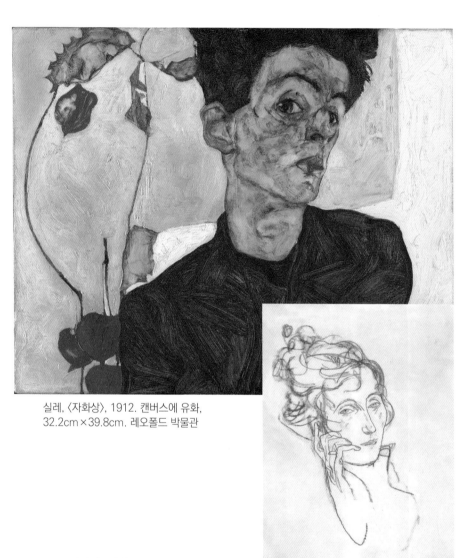

실레, 〈자화상〉, 1912. 캔버스에 유화,
32.2cm×39.8cm. 레오폴드 박물관

실레, 〈죽어가는 에디트 실레의 초상〉, 1918.
종이에 드로잉, 70.5cm×90.45cm.
레오폴드 박물관

칠 후, 아내는 세상을 떠났다고 하는데, 이는 많은 이들의 눈에 정상적인 행동으로 보이지 않았다. 하지만 이는 예술가로서 실레의 본능적인 반응이었을지도 모른다. 그에게 있어 그림은 현실을 기록하고 감정을 표현하는 유일한 방법이었을 수도 있다.

실레가 어릴 때, 그의 아버지는 아들이 자신의 뒤를 이어 철도청에서 일하기를 원했지만, 실레는 화가의 길을 선택했다. 그는 여동생을 모델로 한 누드화로 인해 논란의 대상이 되었고, 미성년자인 모델의 몸을 외설적으로 그려 유치장 신세를 지기도 했다. 이러한 경험들은 그의 작품 세계에 깊은 영향을 미쳤을 것이다.

금기의 경계에서 욕망을 해부하다

실레는 몇 년간 함께했던 여자친구 발리를 떠나 경제적으로 안정된 에디트 하름스와 결혼했다. 이때 그가 발리에게 했던 말이 유명하다. "내가 결혼한 후에도 우리는 연인으로 계속 만날 것입니다."

이 말은 현대 사회에서는 부적절한 발언으로 여겨진다. 아무리 창작활동을 하는 예술가의 자유로운 영혼이라 해도, 그가 했던 이 말은 매우 위험하고 문제가 있다.

실레의 그림 〈죽음과 여인〉은 애인 발리와 헤어지기 전의 모습을 상상하며 그린 것이라 추측된다. 이 그림은 사랑과 죽음, 욕망과 상실 등 인간의 근본적인 감정들을 강렬하게 표현하고 있다.

공부에 소질이 없었던 에곤 실레는 15세에 성적 미달로 학교에서 유급을 당한 뒤, 삼촌과 어머니를 설득해 오스트리아 빈의 미술 아카데미에

실레, 〈죽음과 여인〉, 1915. 캔버스에 유화, 150cm×180cm. 벨베데레 미술관

입학한다. 그곳에서 그림을 배우다 클림트를 만나게 되고, 이후 그를 존경하며 살아간다. 〈추기경과 수녀〉는 클림트의 그림 〈키스〉와 유사한 구도를 보여주는데, 일부에서는 이를 클림트 그림의 패러디로 해석하기도 한다. 이는 실레가 어떻게 선배 예술가의 영향을 받아 자신만의 스타일

실레, 〈추기경과 수녀〉, 1912. 캔버스에 유화, 70cm×80.5cm. 레오폴드 박물관

을 발전시켰는지를 보여준다. 실레의 그림을 보고 있으면 예술과 외설의 경계를 구분하기가 힘들어진다. 인간의 본질을 표현하기 위해 이렇게까지 대담한 표현이 필요했을까 하는 의문이 든다. 그의 강렬하고 도발적인 그림은 예술의 본질과 한계에 대해 끊임없이 질문을 던진다.

예술적 미감으로 생명의 본질을 담다

요리사의 감성으로 보면, 실레의 그림은 게살만 발라서 만든 요리를 연상시킨다. 껍질을 제거하고 속살만 발라낸 요리를 한다는 점에서, 그의 그림은 외설과 예술의 한끝 차이를 보여주는 듯하다.

실레의 그림을 보면, 그의 복잡한 내면과 도덕적 갈등이 고스란히 드러난다. 마치 한 입 베어 물었을 때 폭발하는 풍미처럼, 그의 그림은 예술적 천재성과 인간적인 결점을 동시에 보여준다.

이런 요소들이 어우러져, 그의 그림은 오늘날까지도 많은 이들에게 깊은 인상을 남긴다.

실레의 많은 그림이 외설적이라는 평가를 받기도 하지만, 그는 여전히 오스트리아를 대표하는 미술의 거장으로 자리 잡고 있다.

그의 작업은 예술의 한계를 탐구하고 인간 본성에 대한 깊은 성찰을 이끌어내며, 우리에게 끊임없이 속 깊은 질문을 던지고 있다.

오늘 저녁, 나는 실레의 그림을 감상하며 인간의 본질과 예술의 의미에 대해 생각해볼 것이다.

그의 그림이 주는 불편함과 매력, 그 속에 담긴 깊은 통찰을 음미하며, 나 자신의 내면세계도 들여다보고자 한다.

실레의 예술은 나에게 편안함보다는 도전을, 답변보다는 질문을 던진다.

실레, 〈윌리 뉴질의 초상〉, 1912.
32cm×40cm. 레오폴드 미술관

본능의 순수함으로 게살 모나카를 만들다

⚖ 재료

모나카 받침 3개, 게살 100g, 사과 1/8개, 잘게 자른 청 · 홍피망 1작은 술씩, 헴프씨드 50g, 레몬즙 3작은술, 바질 잎 3장, 소금, 후추, 설탕

👨‍🍳 헴프씨드를 무친 게살 모나카 만들기

1. 헴프씨드를 프라이팬에 기름 없이 중불로 살짝 볶아 색이 나게 한 뒤 식힌다.
2. 사과를 5mm 크기의 정사각형 모양으로 작게 자른다.
3. 잘라낸 사과에 레몬즙을 골고루 뿌려 비벼준다.

4. 볼에 게살, 준비한 사과, 사과와 같은 크기로 자른 피망을 함께 넣는다.
5. 소금, 후추, 설탕을 약간 넣어 간을 맞춘다.
6. 재료들을 골고루 섞은 후, 모나카 크기에 맞는 원형 쿠키 커터나 작은 그릇을 준비해 무친 게살을 1/2 정도 채운다.
7. 성형한 게살을 헴프씨드에 골고루 굴려 묻힌 다음, 모나카 위에 올리고 바질로 장식한다.

논란과 혁신 사이의 화가

에두아르 마네(Édouard Manet, 1832~1883)

현실을 직시하며 예술의 경계를 넘다

부끄러운 고백으로 글을 시작하자면, 얼마 전까지 나는 마네와 모네를 같은 사람으로 착각했다. 알고 보니 클로드 모네(1840년생)와 에두아르 마네(1832년생)는 8살 차이로, 별개의 인물이었다. 모네가 마네를 잘 따르며 존경했다는 사실이 흥미롭다.

마네는 프랑스 파리의 법관 집안에서 태어나 비교적 풍족한 유년기를 보냈다. 그의 그림 세계는 매우 넓고 다채롭지만, 그중에서도 〈막시밀리안 황제의 처형〉은 특별하다. 이 그림은 마네의 평소 화풍과는 다르게, 강렬하고 정치적인 메시지로 가득하다.

당시에도 공개 전시가 어려웠을 정도로 논란이 되었던 이 그림은, 비극적인 내용을 담고 있음에도 등장인물들이 마치 사진처럼 섬세하게 표현되어 있다.

이 그림의 배경이 된 역사를 들여다보면 한 편의 드라마와 같다. 프랑스의 나폴레옹 3세는 멕시코를 점령하고 막시밀리안을 황제로 세웠지만, 멕시코 내전이 격화되자 프랑스군은 철수하고 만다. 혼란 속에서 권

마네, 〈휴식〉, 1871. 캔버스에 유화, 150.2cm×114cm. 로드 아일랜드 디자인 스쿨 박물관

마네, 〈막시밀리안 황제의 처형〉, 1868. 캔버스에 유화, 252cm×305cm. 쿤스트할레 만하임

마네, 〈폴리 베르제르의 술집〉, 1881-1882. 캔버스에 유화, 96cm×130cm. 코톨드 미술관

력을 잡은 멕시코 자유주의 정부는 막시밀리안 황제를 프랑스에 협조했다는 이유로 처형한다. 마네는 이 극적인 역사의 한순간을 자신만의 시선으로 포착해 캔버스에 담아냈다.

〈폴리 베르제르의 술집〉은 과거와 현재, 미래가 공존하는 듯한 독특한 그림이다. 나는 이 그림에 너무 매료되어 최근에 레스토랑 겸 바를 오픈하게 되었다.

클래식한 샹들리에, 고급스러운 옷차림의 바텐더, 회색 바에 놓인 오브제와 와인 병, 그리고 뒤쪽 테이블의 북적이는 손님들까지 생생하게 묘사되어 있다. 내가 꿈꾸는 이상적인 레스토랑과 너무 닮았다.

현실의 빛과 그림자로 관습을 깨뜨리다

마네의 〈온실에서〉와 〈카페에서〉도 빼놓을 수 없는 그림들이다. 〈온실에서〉는 마네의 아내 수잔나와 그의 친구를 그린 그림으로, 온실의 푸르른 식물들 사이에서 편안하게 대화를 나누는 두 사람의 모습이 인상적이다. 이 그림에서 마네는 빛과 색채의 조화를 통해 편안하고 친밀한 분위기를 잘 표현해냈다.

〈카페에서〉는 파리의 카페 문화를 생생하게 담아낸 그림이다. 당시 파리 사회의 일상을 포착한 이 그림은, 마네가 어떻게 현대 생활의 순간들을 예술로 승화시켰는지를 잘 보여준다.

마네, 〈온실에서〉, 1879. 캔버스에 유화, 115cm×150cm. 베를린 구 국립 미술관

마네, 〈카페에서〉, 1879년경. 캔버스에 유화, 47.3cm×58.1cm. 월터스 미술관

〈올랭피아〉는 벌거벗은 여성에 대한 나의 기존 편견을 깨준 그림이다. 많은 화가들이 그리스 로마 신화 속 여신이나 이상화된 여성 누드를 그려왔지만, 그 그림들은 현실과는 거리가 있어 보였다.

하지만 마네의 〈올랭피아〉는 완전히 달랐다. 당시 사회의 관습과 도덕성에 대한 도전장과도 같았다.

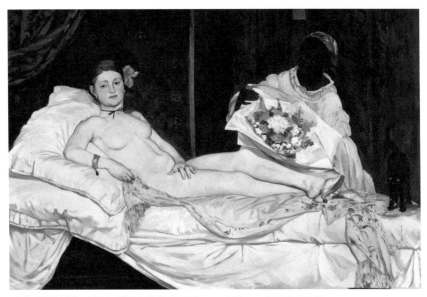

마네, 〈올랭피아〉, 1863. 캔버스에 유화, 130cm×190cm. 오르세 미술관

 이 그림은 구도가 특히 눈에 띈다. 침대 위 여성을 밝게 강조하고 배경을 어둡게 처리했다. 시중드는 흑인 여성과 발끝의 고양이마저 검은색으로 표현했다. 마치 연극 무대처럼, 주인공에게만 스포트라이트를 비추는 듯한 효과로 올랭피아에게 시선이 집중된다. 이러한 대비가 그림의 메시지를 더욱 강조한 것 같다.

 〈올랭피아〉가 특별한 이유는 그 주제, 즉 인물에 있다. 이 그림의 주인공은 매춘부로, '올랭피아'라는 이름 자체가 당시 매춘부들이 흔히 쓰던 가명이었다. 신화 속 인물도, 귀족도 아닌 매춘부를 그림의 중심에 배치한 것은 그 당시 매우 파격적이었으며, 사회적 논란을 불러일으켰다. 이는 마네가 어떻게 사회의 관습에 도전하고 새로운 미적 기준을 제시했는지를 잘 보여준다.

 내가 이 그림을 좋아하는 이유는 모델의 현실적인 표정과 자연스러운 포즈 때문이다. 이상화되거나 과장되지 않은, 있는 그대로의 여성의 모습을 담아냈다. 마네의 예술적 진실성과 현실에 대한 예리한 관찰력이 너무 대단한 듯하다.

마네의 〈잔느〉도 빼놓을 수 없는 작품이다. 이 그림은 마네의 후기 작품으로, 그의 조카인 잔느를 그린 초상화다. 간결하면서도 섬세한 붓 터치로 잔느의 순수함과 생동감을 포착해냈다. 특히 밝고 화사한 색채는

마네, 〈잔느〉, 1881. 캔버스에 유화, 74cm×51.5cm. 게티 센터

마네의 말년의 화풍을 잘 보여주는데, 이는 그의 예술적 진화를 엿볼 수 있게 해준다. 또한 〈휴식〉은 마네의 아내인 수잔나가 소파에서 편안히 쉬는 모습을 그린 것으로, 일상의 자연스러운 순간을 포착한 그림이다.

진실과 미학을 요리로 승화하다

나는 마네의 그림들을 보며 요리에 대한 영감을 얻었다. 〈올랭피아〉에서 매춘부의 꾸밈없는 모습을 담아내고, 〈잔느〉에서는 일상적 순간의 아름다움을 포착했듯이, 마네는 대상을 있는 그대로 표현하고자 했다.

그가 사회의 편견을 뛰어넘어 진실된 아름다움을 추구했듯이, 나 또한 요리를 통해 재료 본연의 맛과 질감을 살리고 싶어졌다.

그래서 오늘은 송어알을 올린 구운 애호박 요리를 만들어 보기로 했다.

애호박의 소박하면서도 진한 맛과 송어알의 섬세한 식감이 만들어내는 조화. 이는 마치 〈올랭피아〉의 담백한 구도와 섬세한 붓 터치가 만나 독특한 아름다움을 만들어내는 것과 같지 않을까?

마네가 그의 그림을 통해 사회의 편견에 도전했듯이, 나 역시 요리를 통해 기존의 요리 관념에 새로운 해석을 더하고 싶다.

오늘, 이 요리를 만들며 나는 마네의 작품세계를 다시 한번 생각해보려 한다. 그의 대담함과 현실에 대한 예리한 관찰력, 그리고 전통에 대한 도전 정신. 이 모든 것들이 내 요리에, 나아가 내 삶에 어떻게 반영될 수 있을지 고민해볼 것이다. 마네의 그림처럼, 나의 일상도 편견을 깨고 새로운 아름다움을 발견하는 과정이 되기를 희망한다.

진주빛 송어알이 반짝이는 애호박을 만들다

⚖ 재료

길게 자른 애호박 1/2개, 우유 300mL, 휘핑크림 200mL, 당근 1/2개, 송어알 1큰술, 엑스트라버진 올리브오일, 소금, 후추, 허브, 식용 꽃

👨‍🍳 송어알을 올린 구운 애호박 만들기

1. 당근을 얇게 썰어 냄비에 넣고, 우유와 휘핑크림을 부어 중불에서 한 번 끓인다.

2. 끓기 시작하면 불을 약하게 줄이고, 당근이 부드럽게 으깨질 정도로 충분히 익힌다.

3. 소금, 후추로 간을 하고 엑스트라버진 오일 20mL와 함께 믹서에 곱게 갈아 식힌 후 튜브에 담는다.

4. 애호박은 격자 무늬로 칼집을 내고 소금, 후추, 올리브오일을 두른다.

5. 200℃로 예열한 오븐에서 30분간 구워 식힌다.

6. 식은 애호박 위에 간격을 두어 송어알을 조금씩 얹는다.

7. 준비해둔 당근소스를 점 모양으로 찍어 장식한다. 허브를 사이사이에 끼우고 식용 꽃으로 장식한다.

르네상스를 조각한 예술가

미켈란젤로 부오나로티(Michelangelo Buonarroti, 1475~1564)

르네상스의 정점을 이루다

미켈란젤로 디 로도비코 부오나로티 시모니, 우리에게 친숙한 이름 미켈란젤로. 그의 예술세계는 한마디로 정의하기 어려울 만큼 방대하다. 어디서부터 시작해 어디까지 다뤄야 할지, 며칠 밤을 지새우며 고민했다. 그의 작품 하나하나가 책 한 권의 분량이 될 만큼 깊이와 의미가 있기 때문이다.

미켈란젤로는 참으로 위대한 인물이었다. 다빈치, 라파엘로와 어깨를 나란히 하며 이탈리아 르네상스를 이끈 거장이었으니 말이다. 그는 단순히 예술가를 넘어 시대를 대표하는 창조자였다.

1475년 피렌체의 카프레세에서 태어난 미켈란젤로는 어머니를 일찍 여의고 유모의 손에서 자랐다. 유모의 남편이 석수장이였기 때문에 어린 미켈란젤로에게 망치와 조각용 칼은 친근한 장난감이었을 것이다. 이 어린 시절의 경험이 그의 조각 실력의 기초가 되었을 것이라 생각하면 가슴이 뭉클해진다.

운명의 장난처럼 보이는 이 우연한 환경이 어떻게 〈다비드상〉을 만들

야이르 하클라이, 〈미켈란젤로 광장의 청동 다비드상〉, 2019. CC BY-SA 4.0

어낸 천재를 탄생시켰는지 생각해보면 경이롭다. 어쩌면 그의 재능은 이미 DNA에 새겨져 있었을지도 모르지만, 그 재능이 꽃피울 수 있는 토양을 제공한 것은 바로 이런 어린 시절의 경험이었을 것이다.

우리 모두의 삶에도 이와 같은 작은 계기들이 숨어있지 않을까? 그것을 발견하고 키워나가는 것, 그것이 바로 각자의 '미켈란젤로 프로젝트'가 아닐까 생각해 본다.

미켈란젤로의 인생에 큰 전환점이 온 것은 15세 때였다. 당시 메디치 가문의 로렌초 데 메디치 눈에 띄어 팔라초 메디치에서 본격적으로 미술공부를 시작할 수 있었다. 천부적 재능을 지닌 그는 멘토의 도움으로 문학은 물론, 플라톤의 철학, 단테의 '신곡'까지도 폭넓게 공부했다.

이런 다양한 지식이 그의 예술세계를 더욱 풍성하게 만들었음에 틀림없다.

예술로 신성을 표현하다

〈천지창조〉는 교황 율리우스 2세의 요구로 완성한 대작이다. 시스티나 성당 천장을 장식한 이 그림은 세계 최대의 벽화로 알려져 있으며, 미켈란젤로가 직접 설계하고 완성했다. 4년 동안 고개를 뒤로 젖힌 채 불편한 자세로 천장을 올려다보며 작업했다니, 상상만으로도 고통이 느껴진다. 그의 열정과 인내심에 고개가 숙여진다.

1533년에 시작된 〈최후의 심판〉은 많은 논란을 불러일으킨 그림으로 1541년에 완성되었다. 나체로 표현된 인물들 때문에 미켈란젤로가 죽기 한 달 전, 그의 제자에 의해 일부가 수정되었는데, 우리가 흔히 보는 〈최

미켈란젤로, 〈천지창조〉, 1511. 프레스코, 280cm×570cm. 시스티나 성당

후의 심판〉은 이렇게 수정된 버전이다. 이 작품은 미켈란젤로의 예술적 대담함과 당시 사회의 보수성이 충돌한 대표적인 예라고 할 수 있다.

미켈란젤로는 당대에 이미 명성이 자자했다. 교황들과의 두터운 친분 덕분에 국가적 대형 프로젝트를 자주 맡았다. 덕분에 승승장구했지만, 그로 인해 시샘을 받기도 했다. 그의 재능은 축복이자 동시에 무거운 짐이었을 것이다.

이러한 미켈란젤로의 삶을 들여다보면, 뛰어난 재능이 반드시 순탄한 삶을 보장하지는 않는다는 것을 깨닫게 된다. 오히려 그의 재능은 더 큰 책임과 기대, 그리고 때로는 질투의 대상이 되었을 것이다.

각자의 삶에서도 이와 비슷한 상황을 경험할 수 있지 않을까? 자신만의 '시스티나 성당'을 그리는 과정에서 겪는 고뇌와 압박, 그리고 그것을 극복했을 때 느끼는 성취감. 어쩌면 이것이 바로 미켈란젤로가 우리에게

미켈란젤로, 〈최후의 심판〉, 1536-1541. 프레스코, 1370cm×1220cm. 시스티나 성당

Livioandronico2013, 〈미켈란젤로의 모세상〉, 2015. CC BY-SA 4.0

전하는 삶의 교훈일지도 모른다.

〈성 베드로 대성당〉은 미켈란젤로의 건축적 재능이 빛을 발한 작품이다. 71세의 나이에 성당의 수석건축가로 임명되어 죽을 때까지 17년간 이 프로젝트에 매진했다. 그가 설계한 웅장한 돔은 오늘날까지도 로마의 상징적인 랜드마크로 남아있다. 또한 〈모세상〉에서 보이는 힘찬 근육의 표현과 내면의 깊이는 미켈란젤로의 조각 예술이 얼마나 완벽한지를 보여준다.

미켈란젤로가 23세에 완성한 〈피에타〉는 십자가에서 내려진 예수의 시신을 무릎에 안고 있는 성모 마리아의 모습을 표현했다. 이 작품에서 보이는 섬세함과 감정의 깊이는 정말 놀랍다. 젊은 나이에 이런 걸작을 만들어 낸 미켈란젤로의 재능은 과연 어디에서 왔을까?

이런 궁금증을 뒤로 하고 오늘 나는 미켈란젤로의 위대한 작품 앞에

미켈란젤로, 〈피에타〉, 1498-1499. 대리석 조각, 174cm×195cm. 성 베드로 대성전

서 경외심을 느낀다. 그의 작품들은 시간을 초월하며 내게 말을 걸어오는 듯하다. 1564년 90세의 나이로 세상을 떠났지만 평생을 예술과 함께한 미켈란젤로의 초인적인 열정에 존경을 표한다. 그의 삶은 예술에 대한 순수한 사랑과 헌신의 표본이 아닐까 한다.

오늘 나는 미켈란젤로의 작품들을 다시 한번 되새기며 그의 정신을 내요리에 담아내고자 한다. 어쩌면 이 요리가 나의 작은 '피에타'가 될 수 있지 않을까?

미켈란젤로가 태어난 이탈리아의 피렌체는 티본 스테이크가 유명한 곳이다. 오늘의 메뉴 티본 스테이크를 준비하면서 나는 미켈란젤로의 조각 작업을 떠올린다. 두껍고 단단한 고기를 다루는 과정이 마치 거친 대리석을 다듬어 아름다운 조각을 만들어내는 과정과 닮아있다.

스테이크의 티본은 마치 미켈란젤로의 조각칼처럼 내 손끝에서 예술이 되어간다.

완벽하게 크러스트한 겉면과 육즙 가득한 속살의 균형을 찾아가는 과정은 그가 추구했던 인체의 완벽한 균형과 비례를 연상시킨다. 그가 대리석에서 인간의 형상을 끄집어냈듯이 나는 이 원육에서 최고의 맛과 식감을 끌어낼 것이다.

Alberto Luccaroni, 〈성 베드로 대성당〉, 2006. CC BY 3.0

대리석을 조각하듯 티본 스테이크를 만들다

🥄 재료

티본 스테이크 500~1000g, 통마늘 5개, 알감자 4개, 로즈메리 1줄기, 양파 1/3개, 소금, 후추, A1소스, 올리브오일

👨‍🍳 티본 스테이크 만들기

1. 통마늘과 알감자를 팬에 넣고 올리브오일을 두른다.
2. 소금과 후추를 뿌린 후 180℃로 예열된 오븐에서 익힌다.
3. 마늘이 먼저 익으면 꺼내놓고, 팬에 남은 감자는 뒤집어가며 골고루 익힌다.
4. 예열된 그릴에 스테이크를 올려 앞뒤로 격자무늬가 생기도록 굽는다.
5. 스테이크 두께에 따라 로즈메리를 뿌리고 220℃로 예열된 오븐에 넣어 추가로 익힌다.
6. 스테이크가 미디엄 정도로 익으면 꺼내서 3~5분간 레스팅한다. 레스팅 후 소금과 후추를 갈아서 뿌린다.

7. 스테이크를 레스팅하는 동안 양파를 링 모양으로 잘라 그릴에 구워준다.
8. 스테이크를 접시에 담고 구운 감자, 마늘, 양파를 곁들인다. 취향에 따라 A1소스를 제공한다.

혁명의 붓을 든 화가

자크 루이 다비드(Jacques-Louis David, 1748~1825)

다비드, 〈자선을 구걸하는 벨리사리우스〉, 1781. 캔버스에 유화,
288cm×312cm. 팔레 데 보자르 드 릴

역사의 순간을 화폭에 담다

자크 루이 다비드는 〈알프스산맥을 넘는 나폴레옹〉을 그린 프랑스의 유명한 화가이다. 이 그림은 너무나도 유명해 많은 사람이 한 번쯤은 접해봤을 것이다.

다비드는 프랑스 신고전주의 미술의 대표 주자로, 그의 인생은 기복이 심했다. 1748년 파리의 중산층 가정에서 태어난 그는 고전파를 계승하고 발전시켰다. 하지만 정치에 발을 들이면서 그의 삶은 롤러코스터를 탄 듯 요동쳤다.

정치적 이유로 감옥살이를 하다가도 어느새 나폴레옹의 총애를 받는 궁정 화가로 승승장구했다. 그러나 결국 나폴레옹의 몰락과 함께 벨기에 브뤼셀로 쓸쓸히 망명해야 했다.

초기작 〈자선을 구걸하는 벨리사리우스〉에서 권력의 무상함을 다룬 다비드는, 이후 〈알프스산맥을 넘는 나폴레옹〉을 통해 정반대의 모습을 보여준다. 나폴레옹이 직접 지시할 정도로 공을 들인 이 그림은 강한 정치적 색채를 띠고 있다. 실제로 나폴레옹은 과감한 전쟁으로 유럽의 여러 나라를 점령하며 프랑스의 세력을 확장했고, 정치적으로 인기가 높았기에 이런 영웅적인 그림이 탄생할 수 있었다.

붓으로 시대의 드라마를 연출하다

〈호라티우스의 맹세〉는 다비드의 초기 걸작 중 하나로, 로마의 애국심과 의무를 주제로 한 그림이다. 세 형제가 조국을 위해 목숨을 바치겠다

다비드, 〈알프스산맥을 넘는 나폴레옹〉, 1801. 캔버스에 유화, 246cm×231cm. 빈 미술사 박물관

고 맹세하는 장면을 그린 이 그림은, 엄격한 구도와 강렬한 애국심을 보여주는 신고전주의의 대표작으로 꼽힌다.

〈마라의 죽음〉은 마치 연극 무대를 보는 듯한 느낌을 준다. 어둠 속에서 오직 마라에게만 쏟아지는 빛, 그 극적인 대비가 시선을 사로잡는다. 이 그림은 단순한 암살 장면을 넘어, 당시의 격변하는 정치 현실을 적나라하게 보여준다. 다비드의 정교한 기법과 강렬한 메시지가 잘 어우러진 작품이다.

또 다른 걸작 〈사비니 여인들의 중재〉는 다비드의 섬세한 인물 묘사가 돋보이는 그림이다. 이 그림은 로마 건국 신화를 바탕으로, 전쟁의 비극적인 이면을 보여준다. 다비드는 이를 통해 프랑스 혁명 이후의 화해와 평화의 메시지를 전달하고자 했다.

이 그림은 로마의 첫 번째 왕인 로물루스가 나라를 세우기 위해 인구를 늘리려고 사비니 여인들을 납치한 사건과 그로 인한 후폭풍을 그린 것이다. 납치된 여인들은 저항하며 탈출을 시도했고, 고향에 남은 가족들은 이들을 구하기 위해 로물루스와 전쟁을 시작했다.

그런데 흥미로운 점은, 그림 속 여인들이 군인들 사이에서 전쟁을 말리고 있다는 것이다. 어쩔 수 없이 로마인의 가족이 된 사비니 여인들이, 두고 온 고향의 가족들과 새로 생긴 가족들의 목숨을 지키기 위해 전장까지 찾아가 싸움을 말리고 있는 장면이 그려져 있다.

그림의 중앙에서 두 팔을 벌린 헤르실리아는 전쟁을 멈추려는 강렬한 제스처로 보는 이의 시선을 사로잡는다. 그녀는 로마인의 아내가 된 사비니 여인으로, 왼쪽에는 남편 로물루스가, 오른쪽에는 그녀의 친정아버지나 오빠로 보이는 인물이 있다.

전쟁을 멈추라는 가녀린 그녀의 몸짓은 마치 뮤지컬의 클라이맥스처

다비드, 〈사비니 여인들의 중재〉, 1799. 캔버스에 유화, 385cm×522cm. 루브르 박물관

다비드, 〈호라티우스의 맹세〉, 1784. 캔버스에 유화, 330cm×425cm. 루브르 박물관

다비드, 〈마라의 죽음〉, 1793. 캔버스에 유화, 165cm×128cm. 벨기에 왕립 미술관

럼 가슴에 와 닿는다. 다비드의 뛰어난 구도와 표현력이 이 장면의 감동을 배로 더해주는 것 같다.

나는 이 장면을 볼 때마다 평화의 소중함을 새삼 깨닫게 된다. 헤르실리아의 모습에서 갈등 속에서도 화해를 추구하는 인간의 숭고한 정신이 느껴진다.

오늘날 우리 사회에도 이런 중재자의 역할이 절실히 필요하지 않을까? 다비드의 그림은 200년이 지난 지금도 우리에게 중요한 메시지를 전하고 있다.

대립을 넘어 조화를 이루다

오늘 나는 트러플 페이스트를 올린 포테이토 패스츄리를 만들어보려 한다. 소박하고 친근한 감자와 고급스러운 트러플의 만남.

이 두 재료는 마치 로마인과 사비니인처럼 전혀 어울릴 것 같지 않지만, 패스츄리라는 매개체를 통해 놀라운 맛의 조화를 이룰 수 있을 것 같다. 이는 마치 다비드의 그림에서 대립하는 두 세력이 여인들의 중재로 화해하는 모습과 닮아있다.

이 요리를 만들면서, 나는 다비드의 그림처럼 서로 다른 요소들을 조화롭게 배치하고 균형을 잡는 것을 생각해본다. 예술과 요리, 그리고 삶에서 항상 이러한 균형과 조화를 추구해야 하지 않을까?

오늘 나는 다비드의 예술세계를 음미하며 내 요리를 통해 작은 평화의 메시지를 전달해보려 한다.

고전의 품격을 담은 패스츄리를 만들다

⚖ 재료

감자 1개, 휘핑크림 100mL, 스모크 파프리카 1작은술, 감자 전분 1큰술, 버터 1/2큰술, 트러플 페이스트 1/2작은술, 소금, 후추, 식용유, 허브

🍳 트러플 페이스트를 올린 포테이토 패스츄리 만들기

1. 깨끗이 씻어 껍질을 벗긴 감자를 채칼로 슬라이스해 찬물에 담가 전분기를 뺀다.
2. 체에 밭쳐 물기를 뺀 후 타월로 물기를 다시 제거한다.
3. 소금, 후추를 골고루 뿌리고 감자 전분과 스모크 파프리카를 고르게 묻힌다.
4. 휘핑크림을 조금씩 뿌려 감자에 골고루 묻힌다.
5. 버터를 바른 타르트 틀에 감자를 틈 없이 겹겹이 쌓아 꾹꾹 누른다.
6. 190℃로 예열된 오븐에서 30분간 굽는다.
7. 구운 감자를 틀에서 떼어내 식힌 후, 160℃로 달군 식용유에 넣어 골고루 튀긴다.
8. 키친타월로 기름기를 제거하고 반달 모양으로 잘라 접시에 세워 담는다.
9. 가장 높은 부분에 트러플 페이스트를 올리고 허브로 장식한다.

자유와 혁명의 화가

외젠 들라크루아(Eugène Delacroix, 1798~1863)

역동적 색채로 혁명을 노래하다

1798년 프랑스 생 모리스에서 외교관의 아들로 태어난 외젠 들라크루아는 1800년대 중반 프랑스 미술계의 최고봉에 올랐던 유명한 인물이지만, 일반인에게는 다소 낯설 수 있다. 하지만 그의 그림은 우리에게 매우 익숙하다.

미술관을 찾거나 그림을 특별히 공부한 적이 없어도, 어느 순간 스치듯 본 그림을 보고 "아, 이 그림!"이라고 외친 적이 있을 것이다. 그중 하나가 바로 들라크루아의 〈민중을 이끄는 자유의 여신〉이다. 이 그림은 1830년 7월 혁명을 주제로 한 것으로, 프랑스 역사와 예술의 상징적인 그림이 되었다.

그림 속 주인공은 프랑스 의상이 아닌 고대 그리스 옷을 입은 듯한 여성으로, 이는 아마도 로마 신화 속 자유의 여신 리베르타스를 상징하는 것 같다. 미국의 자유의 여신상이 독립과 자유를 상징한다면, 들라크루아의 이 그림은 혁명과 자유의 상징으로 많은 이에게 영감을 주었다. 그림 속 여신의 힘찬 동작과 주변 인물들의 열정적인 모습은 보는 이의 마

들라크루아, 〈민중을 이끄는 자유의 여신〉, 1830. 캔버스에 유화, 260cm×325cm. 루브르 박물관

음을 뜨겁게 만든다.

나는 오래전부터 낭만파, 인상파, 입체파, 바로크 스타일 등의 용어를 들어왔다. 하지만 이를 온전히 이해하기 어려운 건 나만의 생각이 아닐 것이다.

화가의 의도와는 관련 없어 보이는 복잡한 학술적 용어로 미술사조를 논하는 것은 전문가에게도 쉽지 않을 것 같다. 그럼에도 불구하고, 이러한 용어들은 각 시대의 예술적 특징을 이해하는 데 도움이 된다는 게 아이러니하다.

아무튼, 학창 시절 나는 색채가 어우러져 묘한 빛을 내는 풍경화나 정물화에 매료되었고, 그 그림들을 기억하려 애쓰던 때가 있었다. 들라크루아의 그림도 이러한 매력적인 색채의 사용으로 유명하다.

붓끝으로 생명의 열기를 포착하다

들라크루아의 그림에는 사람과 짐승들이 자주 등장하며, 모두 역동적인 포즈를 취하고 있다는 점이 특징이다. 자신의 얼굴을 그린 자화상이 멈춰 있는 예술이라

들라크루아, 〈알제의 여인〉, 1834. 리버스 유리 그림에 유화, 180cm×229cm. 루브르 박물관

면, 들라크루아의 그림은 살아 움직이는 행위예술 같다. 그의 그림을 보고 있으면 여러 그림을 동시에 보는 듯한 다이내믹함이 느껴진다. 특히 〈알제의 여인〉은 이국적인 분위기와 화려한 색채로 유명하다.

들라크루아의 또 다른 주목할 만한 그림으로 〈돈 후안의 난파선〉이 있다. 이 그림은 바이런의 서사시를 바탕으로 하고 있지만, 들라크루아 특유의 극적인 표현과 강렬한 색채 사용이 돋보인다. 거친 바다에서 목숨을 건 사투를 벌이는 난파선 생존자들과 회색빛 하늘의 대비는 극적인 긴장감을 자아낸다.

이 그림은 들라크루아가 문학적 주제를 다루면서도 자신만의 낭만주의적 해석을 가미한 좋은 예시다. 붓 터치는 마치 난파선을 집어삼키려는 파도처럼 역동적이어서 그 순간의 절박함을 생생히 느끼게 해준다.

사회에 큰 영향을 준 그림들을 보면 대부분 그림이 웅장하고 디테일이 뛰어나다. 마치 코스 요리에서 메인 디시인 스테이크와도 같은 존재감을 지닌다. 들라크루아의 〈민중을 이끄는 자유의 여신〉도 이러한 웅장함과 세밀함을 동시에 갖추고 있다.

들라크루아의 그림을 볼 때 가끔 '이 그림의 미래의 가치는 얼마나 될까?' 하는 생각을 하기도 한다. 내가 너무 속물인 걸까? 하지만 예술의

들라크루아, 〈돈 후안의 난파선〉, 1840. 캔버스에 유화, 135cm×196cm. 루브르 박물관

가치는 단순히 금전적인 것만은 아니다. 역사적, 문화적, 감성적 가치와 사회적 영향력도 클 테니까.

색채의 깊이로 일상의 맛을 그리다

그래서일까? 스테이크 중 최고는 안심이고, 그중에서도 중앙의 샤토 브리앙이 최고의 부위라는 생각이 든다. 마치 들라크루아의 그림을 떠올리게 한다고나 할까?

샤토브리앙의 부드러운 육질과 깊은 풍미는 마치 들라크루아의 그림처럼 섬세하고 깊이가 있다.

붓 터치 하나하나에 깃든 화가의 정성이 고기의 결마다 숨어있는 미묘한 맛과 놀랍도록 닮았다. 그런 생각에 이끌려 오늘은 샤토브리앙을 구워볼까 한다.

샤토브리앙을 준비하다 보니 자연스레 들라크루아의 그림이 눈앞에 아른거린다. 스테이크를 굽는 과정에서 들라크루아가 캔버스에 색을 입히듯, 팬 위에서 서서히 변화되는 고기의 빛깔을 하나하나 새긴다. 마치 그의 그림에서 색채가 층층이 쌓이는 것처럼, 고기의 풍미도 한 겹 한 겹 깊어진다.

이렇게 일상의 요리를 통해 명화의 감동을 경험하는 순간, 금전적 가치를 넘어선 진정한 예술의 의미를 발견하게 된다. 들라크루아가 그의 그림에 담았던 열정과 섬세함을 나의 요리에도 담아내고 싶다. 식탁 위에 펼쳐질 나만의 작은 명작이 오늘을 특별하게 만든다.

낭만주의로 구워낸 샤토브리앙을 만들다

⚖ 재료

안심 샤토브리앙 120g, 라즈베리 퓌
레 150mL, 브로콜리니 2줄기, 콜리
플라워 2조각, 퓨어 올리브오일 3큰
술, 꿀 1큰술, 머스터드 1작은술, 소
금, 후추

👨‍🍳 샤토브리앙 스테이크 만들기

1. 브로콜리니는 감자칼로 줄기의 질긴 섬유질을 제거하고, 콜리플라워
   는 한입 크기로 자른다.
2. 끓는 물에 채소를 살짝 데쳐 찬물에 헹군 뒤 물기를 제거한다.
3. 라즈베리 퓌레는 약불에서 졸인다. 농도가 알맞게 되면 소금, 후추,
   꿀로 간을 하고 식혀서 준비한다.
4. 프라이팬에서 강불로 고기 표면이 갈색이 될 때까지 굽는다.
5. 약불로 줄여 고기를 앞뒤로 뒤집어가며 미디엄으로 익힌다.
6. 구운 고기는 3분 정도 레스팅한 후, 소금과 후추를 뿌린다.
7. 브로콜리니와 콜리플라워는 퓨어 올리브오일을 두른 팬에서 볶아서
   소금과 후추로 간을 한다.
8. 고기와 채소를 플레이팅하고 라즈베리 소스와 머스터드를 곁들인다.

로댕의 그림자에서 피어난 천재

카미유 클로델(Camille Claudel, 1864~1943)

고통 속에서 예술을 조각하다

프랑스 조각가 카미유 클로델. 나는 그녀의 조각에 푹 빠져있다. 클로델의 조각은 정말 멋지다. 하지만 내가 그녀에게 더 큰 관심을 갖게 된 계기는 학창 시절에 본 영화 '카미유 클로델' 때문이다. 이사벨 아자니가 연기한 클로델의 모습은 어린 시절 나를 한순간에 사로잡았다.

특히 흥미로웠던 건, 클로델이 천재 조각가 로댕의 연인이었다는 사실이다. 로댕은 그녀에게 예술을 바라보는 새로운 시각을 열어준 인물이기도 했다.

클로델은 로댕만큼 유명하지는 않았지만, 그녀의 친동생 폴 클로델의 손녀가 쓴 전기를 통해 세상에 알려지기 시작했다. 이를 바탕으로 제작된 영화는 클로델의 삶과 예술을 더 널리 알리는 결정적인 계기가 되었다고 본다.

그녀의 조각들은 파리 로댕 미술관에서 볼 수 있다. 하지만 안타깝게도 많은 관람객들이 그녀의 예술적 재능과 작품성보다는 로댕의 연인이었다는 사실에 더 많은 관심을 보이는 듯하다. 물론 이는 그녀의 조각이

클로델, 〈왈츠〉, 1893. 브론즈 조각, 34.3cm×23cm×43.2cm. 로댕 미술관

클로델, 〈로댕의 흉상〉,
1897년 이후. 브론즈 조각,
40cm×26cm×32cm.
파리 보자르 드 라 빌 드 파리 미술관

클로델, 〈성숙의 시대〉, 1899. 브론즈 조각, 114cm×163cm×72cm. 오르세 미술관

부족하다는 의미는 아니다.

실제로 〈왈츠〉, 〈자신감〉, 〈성숙의 시대〉, 〈로댕의 흉상〉과 같은 조각들은 특히 높은 평가를 받고 있다. 이 조각들을 볼 때마다 나는 클로델의 뛰어난 예술적 감각과 기술에 감탄하게 된다.

또한 〈지강티의 흉상〉은 그녀의 최고 걸작 중 하나로 꼽히는데, 클로델을 오랫동안 짝사랑했던 지강티라는 남자를 모델로 한 작품이라고 한다. 나는 이 작품에서 클로델의 복잡한 감정과 조각가로서의 통찰력이 절묘하게 어우러져 있다고 느낀다.

클로델의 조각은 강렬한 감정 표현과 섬세한 인체 묘사로 특징지어진다. 그녀는 인물의 내면을 외적 형태로 드러내는 데 탁월했다. 이런 그녀의 재능은 단순히 아름다운 조각을 만드는 데 그치지 않고, 작품 속에 깊은 감정과 이야기를 담아내는 능력으로 이어졌다고 본다.

나는 클로델의 작품을 볼 때마다 그녀가 돌과 점토를 통해 어떻게 인간의 복잡한 감정과 내면의 세계를 표현해냈는지에 대해 놀라움을 금치 못한다. 그녀의 조각들은 단순한 형태의 재현을 넘어, 보는 이로 하여금 깊은 감정적 공명을 일으키게 한다.

불운의 그늘에서 천재성을 조각하다

클로델의 이러한 예술적 성취는 그녀가 겪었던 개인적 고난과 시대적 제약에도 불구하고 이루어낸 것이기에 더욱 값진 것 같다. 클로델의 삶은 정말 파란만장했다. 어릴 적 소아마비를 앓았던 그녀는 3남매 중 장녀로 태어났지만, 아들을 원했던 어머니의 사랑을 받지 못해 어린 시절부터 마음에 깊은 상처를 안고 살았다. 19세에 42세의 로댕을 만나면서 본격적으로 조각가의 길을 걷게 되었지만, 둘의 관계가 틀어지며 또 다른 상처를 입었다.

로댕이 사랑했던 제자 클로델은 1888년 프랑스예술 살롱전에서 최고상을 수상하며 비로소 작가로서 인정받기 시작했다. 하지만 이때부터 두 사람의 관계에 서서히 틈이 생기기 시작했다고 전해진다.

로댕은 클로델을 진심으로 사랑했지만 그의 사랑은 양날의 검과 같았다. 그는 클로델이 유명해져 세상 밖으로 나가는 것을 원하지 않았다. 그

로댕, 〈생각하는 사람〉,
1903. 청동, 모래 주조,
189cm×98cm.
로댕 미술관

클로델, 〈자신감〉, 1893. 조각품, 32cm×34cm×24cm. 앙드레 딜리전트 미술 산업 박물관

는 그녀의 재능을 인정하기는커녕, 오히려 그녀의 조각 활동에 걸림돌이
되기도 했다.

세상은 로댕을 천재 조각가로 추앙하지만 일부 평론가들은 그를 날카
롭게 평가한다. 그들은 로댕을 '재능 있는 여류작가의 삶을 망친 이기주
의자'로 부르기도 한다. 심지어 로댕은 클로델의 조각을 자신의 이름으로
미술시장에 내놓기까지 했는데, 이는 클로델에게 큰 상처로 남았다.

일설에 따르면, 클로델의 조각이 많지 않은 이유는 많은 조각이 로댕
의 이름으로 세상에 알려졌기 때문이라는 주장도 있다.

아버지의 죽음 이후 그녀의 정신 상태는 급격히 악화되었고, 결국 동
생 폴에 의해 정신병원에 강제 입원되었다. 제1차 세계대전 중 영국으로
피난 갔다가 프랑스의 몽디베르그 수용소로 이송된 그녀는 약 30년간 외

부와 단절된 채 고통스러운 시간을 보내다 79세에 생을 마감했다. 더욱 안타까운 점은 그녀의 장례식에 동생 폴조차 참석하지 않았고, 결국 그녀는 무연고자로 처리되어 공동묘지에 묻혔다.

30년 가까이 수용소에 갇혀 있었다면 누구라도 정신적 고통을 겪었을 것이다. 비록 그녀의 유골은 아직 찾지 못했지만, 이제는 그녀의 순수한 영혼이 자유롭기를 간절히 바란다.

문득 따뜻한 파스타 한 그릇을 들고 그녀를 찾아가 위로하고 싶은 마음이 든다. 클로델이 조각을 통해 인간의 감정을 형상화했듯이, 이 따뜻한 파스타는 위로와 연민의 감정을 담은 음식이 될 수 있을 것 같다.

벨벳, 〈카미유 클로델 광장의 입구〉, 2022. CC BY 4.0

버섯 향 가득한 청동빛 파스타를 만들다

🍶 재료

8분 삶아 익혀둔 스파게티 150g, 마늘 2쪽, 양파 1/8개, 느타리버섯 8쪽, 말린 포르치니 버섯 슬라이스 5장, 우유 150mL, 휘핑크림 200mL, 에멘탈 치즈 30g, 버터 1큰술, 소금, 후추

👨‍🍳 포르치니 버섯을 넣은 크림소스 파스타 만들기

1. 마늘은 얇게 슬라이스하고, 양파는 3cm 크기의 주사위 모양(찹)으로 썬다.

2. 느타리버섯은 비슷한 크기로 찢어 준비한다.

3. 말린 포르치니 버섯은 미지근한 물에 10분간 불려 수분을 머금게 한다.

4. 프라이팬에 버터를 두르고 중불에서 녹인다.

5. 버터가 녹으면 마늘과 양파를 넣어 볶다가 엷은 갈색이 되면 버섯을 넣어 함께 볶는다.

6. 버섯이 익으면 우유와 휘핑크림을 붓고 살짝 끓인다.

7. 크림소스가 끓기 시작하면 삶아둔 스파게티를 넣고 한 방향으로 저어가며 익힌다.

8. 소금과 후추로 간을 한다.

9. 스파게티가 소스를 충분히 흡수해 걸쭉해지면 따뜻한 접시에 담고, 에멘탈 치즈를 곱게 갈아 파스타 위에 뿌린다.

고다이바의 전설을 되살린 화가

존 콜리어(John Collier, 1850~1934)

순백의 말 위에서, 용기와 아름다움을 노래하다

영국의 19세기를 화폭에 담아낸 화가를 떠올리면 존 콜리어라는 이름이 떠오른다. 많은 이들이 그의 이름을 들으면 곧바로 〈레이디 고다이바〉의 우아한 모습을 상상할 것이다. 하지만 그가 그린 그림들은 19세기 영국의 살아있는 역사책과도 같다.

1850년 영국에서 태어난 콜리어는 1934년까지 살았다. 신고전주의에 영향을 받은 영국 화가라니, 뭔가 어울리지 않는 듯하지만 그의 그림은 이런 편견을 보기 좋게 깨뜨린다. 마치 빅토리아 시대의 우아함과 고전의 장중함이 만나 새로운 예술의 꽃을 피운 것 같다.

콜리어의 가장 유명한 그림 중 하나는 1898년에 그린 〈레이디 고다이바〉이다. 이 그림은 11세기의 전설적인 이야기를 담고 있다. 당시 16세의 나이에 65세 영주의 후처가 된 고다이바는 백성들을 위한 진정한 영웅이었다. 그녀는 영주의 가혹한 세금 정책에 맞서 목소리를 냈다.

영주는 세금을 감면해주겠다고 했지만 그 조건이 황당했다. 알몸으로 말을 타고 영지를 한 바퀴 돈다면 세금을 감면해주겠다는 것이었다.

하지만 고다이바는 그 터무니없는 요구에도 백성들을 위해 자신의 몸을 희생하기로 결심했다. 그녀는 용감하게 말을 타고 영지를 돌았고, 백성들은 그 용기에 감동해 창문을 닫고 고다이바를 보지 않겠다고 약속했다.

그 사건 이후, 영주는 고다이바의 헌신에 깊은 감명을 받아 세금을 감면했을 뿐 아니라, 그녀와 함께 독실한 크리스천이 되어 많은 선행을 베풀게 된다. 이 이야기는 세기를 넘어 전해 내려왔고, 콜리어는 이 전설에서 영감을 받아 〈레이디 고다이바〉를 그리게 되었다.

콜리어의 〈레이디 고다이바〉는 세련되고 우아한 매력으로 많은 이들의 사랑을 받는 그림이다. 흥미롭게도 몇몇 평론가들은 이 그림 속 고다이바가 프랑스 배우 이자벨 아자니를 닮았다고 평한다. 이는 마치 과거와 현재가 한 화폭에서 만나는 특별한 순간을 보는 듯하다.

이 전설적인 인물의 영향력은 회화를 넘어 실제 도시의 상징물로도 자리 잡았다. 영국 코벤트리 도심에 세워진 레이디 고다이바의 동상을 볼 때마다, 나는 역사와 전설이 어떻게 현대 도시의 정체성을 형성하는지 생각하게 된다.

이 동상은 단순한 조형물을 넘어 도시의 역사적 정체성을 상징하며, 관광객들에게 인기 있는 명소가 되었다. 말을 타고 있는 고다이바의 모습을 형상화한 이 동상은, 그녀의 용기와 희생정신을 기리는 동시에 코벤트리 시민들의 자부심을 대변한다.

이 그림이 많은 이들의 사랑을 받는 이유는 단순히 고다이바의 희생과 은혜로움 때문만은 아닐 것이다. 그 속에는 현대인들이 동경하는 상류층의 품격과 고귀함이 완벽하게 표현되어 있기 때문이다.

그림 속 고다이바의 눈빛은 나에게 일상의 도전들을 이겨낼 힘을 불어

넣는다. 그녀의 결연한 표정에서 자신의 신념을 위해 기꺼이 희생을 감수하는 용기를 느낀다. 동시에 그녀의 우아한 자태는 삶의 고난 속에서도 찾을 수 있는 아름다움을 일깨워준다.

마치 폭풍 속에 핀 한 송이 꽃처럼, 고다이바는 역경 속에서도 잃지 않는 품위와 존엄을 보여주는 듯하다.

수 세기가 지난 지금까지도 고다이바의 용기와 품위는 사람들의 마음에 깊은 울림을 준다. 그녀의 이야기는 시간을 초월해 영감을 주고, 자신의 내면에 숨겨진 강인함과 우아함을 발견하게 한다.

때로는 일상에 지쳐 자신의 가치를 잊어버릴 때가 있다. 그럴 때마다 나는 고다이바의 이야기를 떠올린다.

그녀의 모습은 우리에게 자신을 믿으라고, 옳은 일에 목소리를 내라고 말한다. 어려움 속에서도 품위를 잃지 말라고 속삭인다.

존 콜리어, 〈레이디 고다이바〉, 1898. 캔버스에 유화, 140cm×180cm. 허버트 미술관 및 박물관

전설의 용기, 달콤한 명성으로 되살아나다

'고다이바(Godiva)'라는 이름은 유명한 벨기에 초콜릿 브랜드와 깊은 연관이 있다. 이 브랜드가 고다이바의 전설에서 영감을 받아 이름을 지었다는 사실은 매우 흥미롭다. 1926년 브뤼셀에서 설립된 Godiva-Belgium의 창립자 조셉 드랍스는 고다이바의 관대함과 대담함에 감명을 받았다고 한다. 그는 이 영국의 전설적인 인물의 정신을 자신의 초콜릿에 담고자 했던 것 같다.

오늘날 Godiva는 전 세계적으로 고급 초콜릿의 대명사로 자리 잡았으며, 그 이름에 담긴 역사적 의미는 브랜드의 정체성을 더욱 풍성하게 만들어준다. Godiva라는 이름을 들을 때마다, 나는 중세 영국의 용감한 귀부인과 현대의 세련된 초콜릿이 어우러진 독특한 이미지를 떠올린다.

Godiva 초콜릿을 먹을 때마다 무의식중에 수백 년 전의 전설을 떠올리고, 그 속에 담긴 용기와 희생의 가치를 되새기게 된다.

Godiva의 매력, 미식의 예술로 피어나다

콜리어의 그림을 감상하며 Godiva 초콜릿과 달콤한 디저트 와인을 곁들인다면, 그야말로 천상의 경험이 되지 않을까? 특히, Godiva 초콜릿과 여름의 무화과는 완벽한 궁합을 자랑한다. 마치 콜리어의 그림만큼이나 고급스럽고 매혹적이다.

부드러운 무화과에 짭짤한 프로슈토를 감싸고, 그 위에 달콤한 Godiva 초콜릿 소스를 살짝 더한 요리를 상상해보라.

이는 단순한 음식이 아닌, 미각의 교향곡이다. 입안에서 펼쳐지는 다양한 맛의 향연은 미각을 여러 층에서 자극하며 즐거움을 선사한다. 이 다층적인 맛의 경험이 마치 콜리어의 그림이 주는 복합적인 매력과도 닮아있다.

퇴근 후의 피곤함을 뒤로하고 〈레이디 고다이바〉를 감상하며 달콤한 와인과 함께 무화과 요리를 즐긴다면, 하루의 피로가 말끔히 풀릴 것이다. 콜리어의 그림도, 이 무화과 요리도, 나에게 용기와 아름다움, 그리고 달콤한 위안을 준다.

코벤트리 도심에 있는
레이디 고다이바 동상

우아함을 담은 무화과 프로슈토를 만들다

🍯 재료

무화과 3개, 프로슈토 2장, 휘핑크림 30mL, 다크 초콜릿 100g, 설탕 1/2큰술

👨‍🍳 초콜릿 소스를 곁들인 무화과 프로슈토 만들기

1. 다크 초콜릿을 작은 조각으로 쪼개어 내열 용기에 담는다.
2. 전자레인지에 30초 간격으로 녹이면서 중간중간 저어준다. 덩어리 없이 부드럽게 녹을 때까지 반복한다.
3. 녹인 초콜릿에 설탕을 넣고 잘 섞는다.
4. 휘핑크림을 천천히 부어가며 매끄럽게 섞어 초콜릿 소스를 만든다.
5. 무화과는 흐르는 물에 가볍게 헹궈 물기를 닦고 꼭지를 제거해 4등분한다.
6. 프로슈토를 적당한 크기로 찢는다.
7. 자른 무화과 조각을 프로슈토로 감싼다. 이때 무화과가 완전히 덮이지 않도록 한다.
8. 준비된 접시에 프로슈토로 감싼 무화과를 예쁘게 배치한다.
9. 만들어 둔 초콜릿 소스를 숟가락이나 짤주머니를 이용해 무화과 위에 적당량 뿌려 완성한다.

고요한 일상의 화가

요하네스 베르메르(Johannes Vermeer, 1632~1675)

점과 점 사이, 빛의 춤을 추다

17세기 네덜란드의 거리를 걷다 보면, 어느 집 창가에서 빛나는 진주 귀고리를 한 소녀를 만날 수 있을 것만 같다. 요하네스 베르메르라는 이름을 들으면 대부분 이 유명한 그림을 떠올린다.

하지만 베르메르의 작품세계는 이 그림만으로는 다 담아낼 수 없을 만큼 깊고 풍부하다. 〈진주 귀고리를 한 소녀〉는 그저 베르메르가 그려낸 아름다운 세계로 들어가는 첫 번째 문일 뿐이다. 그의 그림 하나하나는 17세기 네덜란드의 일상을 들여다볼 수 있는 창문과도 같다.

1632년 네덜란드 델프트에서 태어난 베르메르는 생전에 그리 유명하지 않았다. 그의 그림은 대부분 크기가 작고, 남긴 그림은 40점이 채 되지 않는다. 이렇게 그림의 수가 적은 이유에 대해 두 가지 흥미로운 추측을 한다.

첫째, 베르메르는 15명의 자녀를 둔 아버지였기에 가족을 부양하느라 그림에만 몰두할 수 없었을 것이다. 둘째, 그는 여관 운영과 미술품 감정 같은 부업을 병행해야 했다. 이런 상황에서 주로 작은 크기의 그림을 그

베르메르, 〈진주 귀걸이를 한 소녀〉, 1665년경. 캔버스에 유화, 46cm×40cm. 마우리츠하위스

린 것은 어쩌면 당연한 일일지도 모른다. 이러한 생활 여건이 그의 그림에 더욱 깊이 있는 일상의 모습을 담아내게 했을 것이다.

이런 이유를 생각해보면, 베르메르가 남긴 적은 수의 그림이 오히려 더 특별하게 느껴진다. 그는 바쁜 일상 속에서도 틈틈이 그림을 그리며, 작은 그림 안에 섬세하고 깊이 있는 세계를 담아낸 것이다. 그의 그림 하나하나가 그의 삶의 순간들을 고스란히 담고 있어 더욱 소중하게 다가온다.

베르메르의 그림 중 가장 유명한 〈진주 귀고리를 한 소녀〉는 '북유럽의 모나리자'라고 불린다. 다빈치의 스푸마토 기법(색 사이의 경계선을 명확히 구분할 수 없도록 부드럽게 옮아가게 하는 기법)이 돋보이는 그림이다. 이 기법으로 그린 소녀의 신비로운 눈빛과 반짝이는 진주 귀고리가 보는 이의 시선을 사로잡는다.

일상의 순간을 빛으로 새기다

베르메르의 특징은 일상적인 장면을 성스럽게 표현한다는 점이다. 〈우유를 따르는 하녀〉에는 평범한 일상이 마치 신성한 의식처럼 그려져 있다. 하녀의 손에서 쏟아지는 우유는 마치 성수처럼 빛나고, 그 순간이 영원히 멈춘 것 같은 느낌을 준다.

그의 그림에서 빛은 마치 주인공처럼 중요한 역할을 한다. 창문을 통해 들어오는 빛은 일상을 신성하게 만드는 빛나는 존재다. 이러한 빛의 표현이 베르메르만의 독특한 기법으로, 그의 그림에 깊이와 신비로움을 더해준다.

베르메르, 〈우유를 따르는 여자〉, 1660년경. 캔버스에 유화, 45.5cm×41cm. 라이크스 박물관

이러한 특징은 〈물 주전자를 들고 있는 젊은 여성〉에서도 잘 드러난다. 이 그림에서 베르메르는 평범한 가사 일을 하는 여성을 거의 성화(聖畵)처럼 표현했다. 창문에서 들어오는 부드러운 빛은 여성의 얼굴과 흰 두건, 그리고 푸른 옷을 은은하게 비추며 고요하고 평화로운 분위기를

베르메르, 〈물 주전자를 들고 있는 젊은 여성〉, 1662. 캔버스에 유화. 45.7cm×40.6cm.
메트로폴리탄 미술관

자아낸다. 이 그림은 베르메르가 어떻게 일상적인 순간을 시적이고 숭고
하게 승화시키는지를 잘 보여준다.

　〈회화의 기술〉에서는 베르메르의 예술관을 엿볼 수 있다. 이 그림에서
베르메르는 화가의 작업실을 묘사하며, 예술의 창작 과정을 신비롭고 고

귀한 것으로 표현했다. 화가(아마도 베르메르 자신)의 뒷모습, 모델로 보이는 여인, 그리고 테이블 위의 다양한 물건들은 모두 상징적인 의미를 지니고 있다. 이 그림은 마치 베르메르가 자신의 작품과 화가로서의 고민을 화폭에 옮긴 것 같다.

베르메르가 당대에 크게 주목받지 못한 이유는 17세기 네덜란드의 시대적 배경과 관련이 있다. 당시 네덜란드는 상공업이 발달한 시기였다. 렘브란트와 같은 성공한 화가들이 주로 상류층을 그린 반면, 베르메르는 서민들의 일상을 그렸다. 그래서 당시에는 크게 주목받지 못했지만, 아이러니하게도 이 점이 현대에 와서 높이 평가받는 이유가 되었다.

베르메르의 그림에서 독특한 특징은 푸른색을 과감하게 사용했다는 점이다. 당시 푸른색은 주로 성모 마리아나 왕족을 상징하는 색이었지만, 베르메르는 이를 서민들의 모습에 사용하는 매우 혁신적인 시도를 했다. 이는 그림에 독특한 분위기를 더하며, 일상을 더욱 특별하게 만들었다.

요리에서도 시저 샐러드는 원래 고급 요리가 아닌 서민적인 음식이었지만, 오늘날에는 세계적으로 사랑받는 요리가 되었다.

이는 베르메르가 서민의 일상을 그렸지만, 지금은 그의 그림이 세계적인 걸작으로 인정받는 것과 비슷한 맥락이 아닐까? 베르메르의 그림이 수백 년이 지난 지금까지 사랑받는 이유는 그가 일상

베르메르, 〈회화의 기술〉, 1666-1668. 캔버스에 유화, 120cm×100cm. 빈 미술사 박물관

의 진정성을 포착했기 때문이다. 그의 그림은 시대를 초월한 인간의 보편적인 모습을 담고 있다.

맛과 향으로 빛을 담아내다

오늘 저녁, 나는 부라타 치즈와 토마토, 포도를 곁들인 애피타이저를 만들며 베르메르의 그림을 감상해볼 생각이다. 이 간단한 애피타이저는 마치 베르메르의 그림처럼 평범한 재료로 특별한 순간을 만들어내는 마법 같은 요리다.

눈처럼 부드러운 부라타 치즈의 질감, 토마토의 선명한 붉은빛, 그리고 포도의 은은한 달콤함이 어우러져 그의 그림이 가진 섬세함과 일상의 아름다움을 담아낼 것이다.

상큼하면서도 부드럽고 달콤한 이 요리를 음미하며, 베르메르가 그린 일상의 아름다움을 느껴보려 한다. 그의 그림처럼 나도 평범한 일상 속에서 아름다움을 발견하는 법을 배우고 싶다. 베르메르가 그의 그림에서 빛을 통해 일상을 특별하게 만들었듯이, 나는 요리를 통해 평범한 순간을 특별하게 만들고 싶다.

이렇게 베르메르의 그림을 감상하고 그에 영감을 받아 요리를 만들면서 예술과 일상, 그리고 요리가 얼마나 밀접하게 연결되어 있는지 다시한번 깨닫는다. 베르메르가 그 시대의 일상을 화폭에 담아냈듯이, 나도 내 시대의 맛과 향을 요리에 담아내고 싶다.

진주처럼 빛나는 부라타 치즈를 만들다

🍶 재료

부라타 치즈 1개, 방울토마토 3개, 청포도 4알, 연어알 1/2작은술, 깐 호두 2조각, 페스토 소스 1/2큰술, 바질 오일 1큰술, 허브, 식용 꽃

👨‍🍳 부라타 치즈와 페스토 소스 토마토 만들기

1. 방울토마토, 청포도는 4등분으로 잘라 준비한다.

2. 깐 호두는 굵게 다지거나 손으로 부숴서 4등분 정도의 크기로 만든다.

3. 중간 크기의 볼에 자른 방울토마토, 청포도, 호두를 넣고 페스토와 함께 섞어 준비한다.

4. 부라타 치즈를 포장에서 꺼내 키친 타월로 조심스럽게 물기를 제거한다.

5. 예쁜 접시의 중앙에 부라타 치즈를 올린다.

6. 페스토에 무친 재료들을 부라타 치즈 주변에 아름답게 배치한다. 치즈를 완전히 둘러싸지 않고 일부분이 보이도록 한다.

7. 작은 숟가락을 사용해 부라타 치즈 위에 연어알을 조심스럽게 올린다.

8. 바질 오일을 골고루 뿌리고 신선한 허브와 식용 꽃으로 장식한다.

추상미술의 선구자

바실리 칸딘스키(Wassily Kandinsky, 1866~1944)

마법의 붓으로 그린 동화, 상상력의 날개를 달다

바실리 칸딘스키. 이 이름을 들으면 마법사가 지팡이를 휘두르듯 색채를 뿌리는 모습이 떠오른다. 그의 그림은 동화 속 세상처럼 환상적이면서도 현미경으로 들여다본 미시 세계처럼 신비롭다. 칸딘스키의 그림을 볼 때마다 색채와 형태의 무한한 가능성을 발견하게 된다.

칸딘스키는 러시아 태생의 화가로, 후에 프랑스에서 활동했다. 그의 그림에는 러시아의 전통적인 감성과 프랑스의 세련미가 절묘하게 어우러져 있다. 청기사파의 주축으로서 아방가르드 미술의 선구자 역할을 했으며, 그의 작품세계는 음악, 철학, 심지어 과학까지 아우르는 폭넓은 관심사를 담아냈다. 이를 통해 그는 총체적이고 다차원적인 작품세계를 구축했다.

내가 특히 좋아하는 칸딘스키의 그림은 〈푸른 하늘〉이다. 푸른 하늘을 배경으로 한 이 그림은 세포들이 춤추는 듯한 느낌을 준다.

1940년대에 그려진 이 작품은 당시 발전하던 광학 기술의 영향을 받았다고 하지만, 나는 여기서 환상적인 동화 속 한 장면이 떠오른다. 이런

칸딘스키, 〈푸른 하늘〉, 1940. 캔버스에 유화, 100cm×73cm. 국립 현대 미술관

칸딘스키, 〈소〉, 1910. 캔버스에 유화, 95.5cm×105cm. 렌바흐하우스

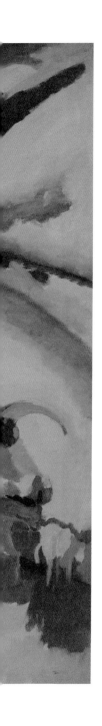

동화적인 상상력이 바로 칸딘스키의 매력이다. 이 그림을 볼 때마다 나는 자유로움과 생동감을 느낀다.

칸딘스키의 〈푸른 하늘〉은 단순한 그림 이상의 의미를 지닌다. 마치 내면세계를 들여다보는 창문 같다고 할까? 푸른 배경은 무한한 가능성을 상징하고, 그 위에 떠다니는 다양한 형태들은 꿈과 희망, 그리고 상상력을 나타내는 듯하다.

이 그림을 볼 때마다 어린 시절의 순수함과 호기심을 되찾는다. 마치 처음 세상을 마주한 아이의 눈으로 모든 것을 새롭게 바라보는 것처럼. 이런 점에서 칸딘스키의 예술은 우리에게 일상에서 잃어버린 경이로움을 다시 찾아주는 힘이 있다.

칸딘스키의 예술적 여정을 보여주는 흥미로운 그림으로 〈소〉와 〈서정적〉이 있다. 〈소〉는 그의 초기 작품으로, 구체적인 형태 요소가 남아있지만 추상화를 향한 실험정신이 엿보인다. 소의 형태는 단순화되고 색채는 현실과 동떨어져 있어, 익숙한 소의 모습을 새롭게 바라보게 된다.

반면 〈서정적〉은 그의 후기 작품으로, 완전한 추상의 세계를 보여준다. 이 그림에서는 음악적 리듬감과 색채의 하모니가 돋보이며, 눈에 보이지 않는 감정을 색과 형태로 표현한 듯하다.

또한, 〈무르나우의 마을〉에서 보여준 대담한 색채 실험은 이후 그의 추상미술의 초석이 되었으며, 〈구성 VIII〉은 추상미술의 정수를 담아낸다. 〈구성 VIII〉은 구체적인 형

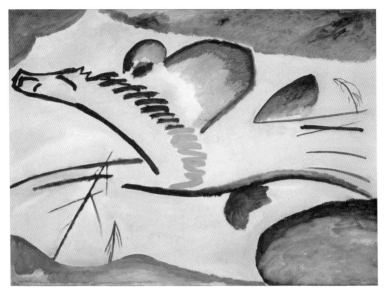

칸딘스키, 〈서정적〉, 1911. 캔버스에 유화, 94cm×130cm. 보이만스 판뵈닝언 미술관

칸딘스키, 〈구성 VIII〉, 1923. 캔버스에 유화, 140cm×201cm.
솔로몬 R. 구겐하임 미술관

상 없이 색채와 형태만으로 강렬한 감정과 메시지를 전달하는 걸작이다. 이 그림을 통해 칸딘스키는 추상화의 무한한 가능성을 입증하며, 보는 이의 상상력과 감성을 자극하는 예술의 새 지평을 열었다.

이 그림은 내게 요리의 영감을 주었다. 접시를 캔버스로 여기고 음식을 배치하면서, 나는 이 그림을 통해 색채의 구성, 배치, 명도, 채도 등을 새롭게 이해하게 되었다. 마치 다양한 식재료를 아름답게 플레이팅한 것처럼 말이다.

실제로 많은 요리사들이 화가의 그림을 오마주하거나, 화가의 독특한 터치를 활용해 자신만의 요리 스타일을 창작한다. 나 역시 이러한 시도를 통해 예술과 요리의 경계를 허물고 싶었다.

예를 들어, 플레이팅할 때 몬드리안의 〈빨강, 파랑과 노랑의 구성 II〉를 보고 원색의 구성과 배치에 눈을 뜬 것처럼, 칸딘스키의 〈구성 VIII〉을 보면서 색이 주는 감정과 예술성을 느꼈다. 그 순간, 이 감각을 그림뿐만 아니라 요리에도 적용해야겠다는 깨달음을 얻었다. 이는 내 요리 철학에 큰 변화를 가져왔다.

〈구성 VIII〉에 대해 더 이야기하자면 이 그림은 단순한 점과 선, 면을 넘어선 3D적 기법이 시선을 사로잡는다. 광학 기술이 급속도로 발전하고 사진기가 등장하면서 순수 회화가 쇠퇴해가던 시기에, 오히려 추상화가 꽃을 피웠다. 그 중심에서 칸딘스키는 자신의 예술로 정점을 찍었다. 이 그림에서 보여지는 역동적인 선의 움직임과 기하학적 형태들의 조화가 내게 특히 인상적이었다.

나는 이를 요리에 적용해보았다. 여러 가지 소스로 과감한 선을 그리고, 다양한 크기의 점들을 찍어 리듬감을 만들어보기도 했다. 칸딘스키처럼 자유롭고 대담한 구성을 시도하는 것은 큰 자신감이 필요한 일이었지만 그만큼 성취감도 컸다.

이러한 실험과 도전을 거치면서 나는 요리가 단순히 음식을 만드는 행위를 넘어 진정한 예술의 한 형태로 승화될 수 있음을 깨달았다. 식재료의 조합과 조리 방법의 선택, 그리고 플레이팅에 이르기까지 모든 과정에 창의성과 감성이 깃들 수 있으며, 이를 통해 요리사는 자신만의 독특한 시각과 철학을 표현할 수 있다.

화가가 캔버스에 내면을 담아내듯, 요리사도 접시 위에 자신의 예술세계를 펼칠 수 있다. 이런 깨달음은 요리에 대한 내 접근 방식을 완전히 바꾸어 놓았고, 요리를 만들 때마다 예술 작품을 창조하는 듯한 설렘과 책임감을 느끼게 해주었다.

이런 경험을 바탕으로 다양한 스타일의 요리에 도전하면서 이제는 어떤 식재료든 자신 있게 다룰 수 있게 되었다. 그 과정에서 칸딘스키에 대한 존경심도 커졌고, 그의 놀라운 예술적 이력에 더욱 감탄하게 되었다.

법전에서 팔레트로, 혁명적 여정을 그리다

칸딘스키의 이력은 참으로 대단하다. 그는 화가일 뿐만 아니라 건축가, 법학 교수로도 활동했다. 러시아에서 법을 공부하던 중 모네의 전시회를 보고 화가의 길로 들어선 그는 독일로 건너가 30년 가까이 활동하며 청기사파를 이끌었다.

하지만 나치의 탄압을 피해 프랑스로 망명했고, 그곳에서 10년 후 세상을 떠났다. 이 과정에서 그는 3개 국어를 구사했을 것이며, 그의 다각적인 사고방식과 문화적 이해는 그의 그림에 한층 더 깊이를 더해주었을

AI의 상상, 칸딘스키

것이다.

　칸딘스키의 그림에는 수학 공식, 색채와 차원에 대한 완벽한 이해, 그리고 철학적 요소가 절묘하게 어우러져 있다. 그의 그림에서는 허무나 슬픔이 아니라 생동감 넘치는 에너지가 느껴진다. 이 점이 정말 마음에 든다.

　때로는 선을 정확하게 긋는 듯하면서도 동화적인 상상력이 돋보이는데, 이것이 바로 칸딘스키의 매력이다. 같은 시대에 살았다면 나도 그의 제자가 되기 위해 간청했을 것 같다.

　칸딘스키의 화려한 색채와 대담한 구성을 떠올리면 스페인 요리 핀초가 생각난다. 다양한 재료가 조화롭게 배치된 핀초는 칸딘스키의 그림처럼 다채롭고 창의적이다. 구운 가지와 호박, 하몽, 안초비, 올리브 등을 이용해 〈푸른 하늘〉이나 〈구성 VIII〉이 연상되도록 핀초를 만들어 보고 싶다. 이는 단순한 모방이 아닌 예술과 요리의 융합, 그리고 나만의 해석이 될 것이다.

오늘 나는 칸딘스키에 대한 존경심을 담아 색채 가득한 핀초를 만들어 볼 생각이다. 문득 이런 생각이 든다. 칸딘스키가 색채와 형태로 세상을 표현했다면 나는 맛과 질감으로 요리를 표현한 게 아닐까?

칸딘스키도, 나도 일상의 재료로 예술을 창조한다는 공통점이 있다. 이렇게 예술과 요리를 연결 짓는 과정은 나에게 큰 즐거움과 창의적 자극을 준다. 칸딘스키의 정신을 담아, 나는 오늘도 주방에서 작은 혁명을 일으킬 준비를 한다.

칸딘스키, 〈무르나우의 마을〉, 1909. 캔버스에 유화, 71cm×97cm. 뮌헨 렌바흐하우 미술관

추상의 율동을 담은 가지 핀초를 만들다

재료

가지 1/2개, 관자 3개, 머스터드 1큰술, 엑스트라버진 올리브오일, 허브 또는 식용 꽃

관자를 올린 가지 핀초 만들기

1. 가지를 반으로 잘라 넓은 면이 보이게 한 후, 격자무늬로 칼집을 낸다.

2. 엑스트라버진 올리브오일을 뿌리고 소금과 후추를 뿌린 뒤, 200℃로 예열된 오븐에서 20분간 구워 식힌다.

3. 프라이팬에 오일을 두른 후, 관자를 넣고 소금과 후추로 간을 한다. 양면이 노릇해질 때까지 앞뒤로 고르게 굽는다.

4. 구운 가지 위에 관자를 얹고, 그 위에 머스터드를 올린 다음, 식용 꽃 이파리로 장식한다.

점으로 그린 세상의 연금술사

조르주 피에르 쇠라(Georges Pierre Seurat, 1859~1891)

찰나의 삶, 영원한 예술로 피어나다

작은 점들이 모여 하나의 아름다운 그림을 완성하는 장면을 상상해본다. 바로 이것이 조르주 피에르 쇠라의 예술세계다. 그의 이름을 들으면 자연스럽게 점묘화가 떠오른다. 밤하늘의 별들이 모여 장관을 이루듯, 쇠라의 그림도 작은 점들이 모여 거대한 세상을 펼쳐 보인다.

비록 32세라는 젊은 나이에 세상을 떠났지만, 미술사에 남긴 그의 발자취는 결코 작지 않았다. 짧은 생애와는 대조적으로 그의 예술은 강렬하고 혁신적이었다. 짧게 타오르는 유성처럼 그의 예술 인생은 순간적이지만 강렬한 빛을 남겼다.

쇠라는 부유한 집안에서 태어났지만 그의 마음을 사로잡은 것은 오직 그림이었다. 특히 그는 색채 이론에 깊이 매료되었다. 인상주의가 점차 사라지던 시기에 그는 과학적 분석을 바탕으로 한 새로운 화풍, 신인상주의를 창시했다. 이는 예술과 과학의 융합이라는 점에서 당시 매우 혁신적인 시도였다.

쇠라의 가장 큰 업적은 〈숙녀의 남자〉, 〈서커스〉와 같은 그림에서 보

쇠라, 〈숙녀의 남자〉, 1890. 패널에 유화, 25cm×16cm. 반스 재단

쇠라, 〈그랑자트 섬의 일요일 오후〉, 1884. 캔버스에 유화, 207cm×308cm. 시카고 미술관

여지는 점묘법의 도입이다. 이 기법은 오늘날의 디지털 이미지와 비슷한 원리로, 작은 점들이 모여 하나의 색을 만들어 내는 방식이다.

예를 들어 빨간 점과 노란 점을 조밀하게 찍어, 멀리서 보면 주황색으로 보이게 하는 혁신적인 기법으로, 당시 미술계에 큰 반향을 일으켰다.

점묘법은 단순한 기술적 혁신을 넘어, 시각 인식에 대한 새로운 이해를 제시했다는 점에서 그 의의가 크다.

그의 대표작 〈그랑자트 섬의 일요일 오후〉는 3년에 걸쳐 완성된 걸작으로, 단순한 풍경화가 아닌 당시 사회를 풍자적으로 담아낸 그림이다.

볼륨 있는 여성의 모습은 당시의 패션 트렌드를 보여주며, 원숭이는 음란함을, 낚시하는 여인은 매춘부를 상징적으로 표현한 것으로 해석된다.

이처럼 그림 속 각 요소는 당시 사회의 다양한 모습과 풍조를 상징적으로 드러내며, 시대적 배경을 반영하고 있다.

점묘로 일상의 빛을 포착하다

쇠라의 또 다른 그림으로 〈일하는 농민〉과 〈모르겐스파지에강〉이 있다. 〈일하는 농민〉는 쇠라의 초기 작품 중 하나로 점묘법을 완전히 발전시키기 전의 모습이며, 〈모르겐스파지에강〉은 쇠라의 후기 작품으로 점묘법이 완전히 발달한 후의 모습이다.

〈일하는 농민〉에서 쇠라는 농부의 모습을 간결하면서도 힘있게 표현했는데, 단순한 형태지만 강렬한 명암 대비가 특징이다.

〈모르겐스파지에강〉에서는 강변의 평화로운 풍경을 수많은 작은 점들

쇠라, 〈일하는 농민〉, 1882-1883. 패널에 유화, 16cm×25cm. 메나드 미술관

쇠라, 〈모르겐스파지에강〉, 1885. 패널에 유화, 24.9cm×15.7cm. 내셔널 갤러리

로 표현했다. 특히 물의 표면에 반사된 빛을 표현하는 데 점묘법이 매우 효과적으로 사용되었다. 이 그림은 쇠라의 기술적인 완성도와 함께, 그가 일상적인 풍경에서 발견한 아름다움을 보여준다.

〈그랑자트 섬의 일요일 오후〉가 우리에게 익숙한 그림이라면 〈아스니

쇠라, 〈아스니에르에서 물놀이하는 사람들〉, 1884. 캔버스에 유화, 201cm×300cm, 국립 미술관

에르에서 물놀이하는 사람들〉은 그의 피땀 눈물이 담긴 그림이다. 동화의 삽화처럼 보이기도 하지만, 이 그림은 가로 폭이 무려 3미터에 달하며 수십만 개의 점으로 이루어져 있다. 모든 점을 하나하나 계산해 찍어냈다는 사실은 정말 눈이 빠질 듯한 고통을 떠올리게 한다.

그럼에도 불구하고 그는 치밀하게 색을 계산하며 그림에 몰두했다. 쇠라의 인내심과 열정이 얼마나 대단했는지를 잘 보여준다.

이 그림은 센강(센느강)에서 휴식을 즐기는 사람들을 묘사하고 있다. 아스니에르는 공업 도시임에도 불구하고 강변에는 요트가 떠 있고, 강아지와 함께 누워있는 남자, 여유롭게 해수욕을 즐기는 사람들, 그리고 굴뚝에서 피어나는 연기가 시대적인 배경과 묘하게 어우러져 있다. 공업 도시의 산업적인 모습과 여유롭게 휴식을 즐기는 사람들의 모습이 절묘하게 조화를 이룬다.

이 그림은 마치 동전의 양면처럼 산업화 시대의 두 가지 모습을 동시에 보여주는 듯하다.

한 면은 굴뚝에서 피어오르는 연기로 상징되는 산업화의 진전을 보여주며, 다른 면은 그 속에서도 여유를 찾아 즐기는 사람들의 모습을 통해 사람들의 적응력을 보여주고 있다.

이러한 시대의 이중적인 모습을 하나의 그림에 담아낸 쇠라의 예리한 관찰력과 표현력에 나는 깊은 인상을 받는다.

쇠라, 〈서커스〉, 1891. 캔버스에 유화, 185cm×152cm. 오르세 미술관

소박한 일상에서 예술의 진한 맛을 우려내다

쇠라의 그림을 보고 있으면 왠지 헝가리안 굴래시 수프가 생각난다. 왜 그럴까? 아마도 쇠라의 그림이 평범한 사람들의 일상을 담고 있기 때문일 것이다.

굴래시 수프처럼 소박하지만 깊은 맛을 지닌 음식이, 겉보기엔 단순해 보이지만 자세히 들여다보면 깊은 의미를 담고 있는 쇠라의 그림과 닮아 있다. 평범함 속에 숨겨진 깊이를 발견하는 쇠라의 능력을 상기시킨다고나 할까.

나는 이런 평범함 속에 숨겨진 깊이를 발견하는 쇠라의 능력이 정말 대단하다고 생각한다. 그의 그림은 일상의 순간들을 새로운 시각으로 바라볼 수 있게 해준다. 마치 굴래시 수프를 한 숟가락 떠먹을 때마다 새로운 맛을 발견하는 것처럼.

쇠라의 그림을 볼 때마다 새로운 의미와 아름다움을 발견하게 된다. 이러한 생각을 하다 보면, 나도 일상 속에서 쇠라가 포착한 것과 같은 특별한 순간들이 있지 않을까 하는 기대를 갖게 된다. 평범해 보이는 일상 속에서 깊이 있는 의미를 찾아내는 쇠라의 시선을 배워, 나의 일상도 새롭게 바라보고 싶다는 생각이 든다.

쇠라는 비록 짧은 생애를 살았지만 그 영향력은 엄청났다. 고흐, 피카소, 칸딘스키, 마티스와 같은 추상파 거장들 역시 쇠라에게서 영감을 받았다고 한다.

만약 쇠라가 세상을 떠난 후에도 그의 작품을 꾸준히 알린 친구 폴 시냐크가 없었다면, 우리는 쇠라를 알지 못했을지도 모른다. 다행히 그의 그림은 여전히 많은 사람에게 사랑받고 있다.

쇠라의 그림을 보고 있으면 나도 모르게 그 시대로 빠져드는 기분이다. 한가로운 일요일 오후 강가에서 여유를 만끽하는 사람들….

코로나 시대를 지나온 지금, 이런 풍경이 더욱 그리워진다. 쇠라의 그림은 잃어버린 여유와 평화로움을 상기시키는 듯하다.

오늘은 토마토 베이스에 고기와 감자, 파프리카를 넣은 굴래시 수프를 먹으며, 점묘법으로 쇠라가 그린 세상을 상상해보려 한다. 이 수프도 겉보기엔 단순해 보이지만, 천천히 음미할수록 깊은 맛이 숨어있다. 마치 쇠라의 그림처럼.

요리를 하면서, 나는 쇠라가 그의 그림에 점을 찍어 나갔듯이 재료들을 하나하나 넣어가며 요리의 맛을 만들어간다. 이 과정에서 나는 쇠라의 창작 과정을 조금이나마 체험하게 된다. 쇠라의 그림은 일상의 아름다움을 발견하는 법, 그리고 작은 것들이 모여 큰 그림을 만들어내는 과정의 중요성을 가르쳐준다.

쇠라의 점묘화처럼, 우리의 인생도 수많은 작은 순간들이 모여 하나의 아름다운 큰 그림을 완성해가고 있는 것은 아닐까? 오늘 나는 굴래시 수프를 먹으며 내 삶의 작은 순간들이 모여 어떤 그림을 그리고 있는지 생각해볼 것이다.

이런 생각을 하다 보면 일상의 모든 순간이 소중하게 느껴진다. 쇠라가 그의 그림 속에서 찾아낸 아름다움처럼, 나도 내 삶 속에서 특별한 순간들을 발견할 수 있기를 희망해본다.

점묘처럼 맛을 쌓아 굴래시 수프를 만들다

🍶 재료

마늘 5개, 감자 · 양파 1개씩, 당근 1/2개, 쇠고기 채끝 400g, 토마토소스 500g, 쇠고기 육수 800mL, 레드와인 100mL, 청 · 홍 파프리카 1개씩, 파프리카 가루 1큰술, 퓨어 올리브오일, 소금, 후추, 월계수 잎

👨‍🍳 헝가리안 굴래시 수프 만들기

1. 마늘은 한 쪽당 5등분한다.

2. 당근, 양파, 청색 파프리카, 홍색 파프리카, 감자는 3cm 크기, 고기는 5cm 크기의 주사위 모양으로 자른다.

3. 고기에 소금을 살짝 뿌려 밑간을 하고 파프리카 가루를 뿌려 버무려 둔다.

4. 넓고 깊은 팬에 올리브오일을 두르고 마늘, 양파, 당근을 볶아 색이 날 때까지 익힌다.

5. 고기를 넣고 함께 볶다가 레드와인을 부어 알코올을 날린 후 졸인다.

6. 자른 감자와 육수, 토마토소스를 붓고, 월계수 잎을 넣은 후 한 번 끓인다.

7. 냄비 바닥이 눌지 않게 약불에서 1시간 정도 저어가며 끓인 후, 되직해지면 간을 맞추고 수프 볼에 담는다.

고전의 틀을 깬 누드의 해방자

장 오귀스트 도미니크 앵그르
(Jean-Auguste-Dominique Ingres, 1780~1867)

관습의 경계를 넘어 예술을 재해석하다

장 오귀스트 도미니크 앵그르는 〈그랑드 오달리스크〉를 그린 화가로 유명하다. 1780년 프랑스에서 태어난 그는 나폴레옹 시대를 대표하는 예술가 중 한 명이다. 조각가이자 화가인 아버지에게 미술을 배웠고 〈알프스를 넘는 나폴레옹〉을 그린 다비드의 제자이다.

앵그르는 로마에서 14년간 머무르며 예술에 대한 깊은 이해와 영감을 얻었다. 이 기간은 그의 예술적 성장에 결정적인 역할을 했다. 그의 그림 중에는 특히 여성 누드화가 많은데, 이는 그의 미술적 성향과 로마에서 고대 예술을 연구한 경험이 어우러진 결과라 할 수 있다. 고대 그리스 로마의 조각상들은 앵그르의 인체 표현에 큰 영향을 주었다.

신고전파 화가로 분류되지만 앵그르의 그림은 전통적인 틀을 과감히 벗어난다. 그의 그림은 사실적인 묘사보다는 독특한 개성이 두드러진다. 신고전파가 사실성과 균형에 중점을 두었다면, 앵그르는 그 경계를 상당히 허물어버린 셈이다.

그의 독특한 스타일은 당시 많은 예술가와 대중으로부터 혹독한 평가

앵그르, 〈그랑드 오달리스크〉, 1814. 캔버스에 유화, 91cm×162cm. 루브르 박물관

와 비판을 받았다. 심지어 원하는 날짜에 전시조차 하지 못하는 상황에 이르기도 했다. 고전파 형식을 따르지 않았다는 이유에서였는데, 예를 들면 주인공의 아름다움을 강조하기 위해 몸의 일부를 과하게 늘리거나 축소해서 그렸다는 것이다. 이러한 비판은 오히려 앵그르의 독창성을 잘 드러내는 계기가 되었다.

대표작 〈그랑드 오달리스크〉에서 이런 특징이 두드러진다. 모델의 허리와 엉덩이의 연결 부분, 기형적인 다리의 위치, 가슴의 표현 등이 과하게 표현되어 있다. 오달리스크란 터키 궁전 밀실에서 왕을 위해 대기하는 궁녀를 뜻한다.

〈샘〉은 앵그르의 또 다른 유명한 그림이다. 이 그림은 단순히 여성의

앵그르,
〈샘〉, 1820-1856.
캔버스에 유화,
163cm×80cm.
오르세 미술관

아름다움만을 강조한 것이 아니라 빛
이 주는 신성함과 마치 그림 속 모델
에게 사랑받고 있는 것처럼 느껴지게
하는 매력이 있다.

항아리에서 쏟아지는 물과 하얀 속
살을 드러낸 여인의 아름다움은 마치
새 생명의 탄생을 갈망하는 듯한 분
위기를 자아낸다.

〈그랑드 오달리스크〉에서 대담한
해석과 표현력을 볼 수 있다면 〈샘〉
에서는 앵그르의 섬세한 감성을 엿볼
수 있다.

〈샘〉과 비슷한 〈물에서 태어난 비

앵그르, 〈물에서 태어난 비너스〉,
1808-1848. 캔버스에 유화,
92cm×163cm. 콘데 박물관

너스〉는 앵그르가 75세에 그린 그림이다. 사랑의 여신인 비너스는 서양
미술사에서 빼놓을 수 없을 만큼 자주 등장하는 소재인데, 앵그르 역시
이 전통을 따랐다.

앵그르는 이 그림을 완성한 후 자신의 누드화 중 가장 뛰어나다고 말
했을 정도로 애정을 쏟았다고 한다. 이는 노년에도 여전히 예술적 열정
을 잃지 않았던 앵그르의 모습을 보여준다.

앵그르의 그림은 당시 신고전파 형식에서 볼 수 없는 창의적인 화법
을 많이 사용했다. 그의 그림을 보고 있으면 세상의 편견이 사라지고 마
음이 차분해지는 듯하다. 동시에 매우 관능적이어서, 고전적 아름다움과
현대적 감각이 절묘하게 어우러진 느낌을 준다. 이러한 독특한 특징들이
앵그르가 시대를 앞서간 화가로 평가받게 된 이유일 것이다.

예상 밖의 조화로 아름다움을 재발견하다

앵그르의 그림을 보고 있으면, 우리의 삶에도 이런 태도가 필요하다는 생각이 든다. 관습과 편견에 얽매이지 않고, 자신만의 독특한 시각으로 세상을 바라보는 것. 그것이 우리 삶을 더욱 풍요롭고 의미 있게 만들지 않을까?

나는 오늘 성게알을 올린 갑오징어회를 만들어보려 한다. 갑오징어의 쫄깃한 식감과 성게알의 부드러운 질감, 그리고 바다의 짭조름한 맛, 언뜻 보기에는 어울리지 않을 것 같지만 입안에서는 예상치 못한 조화를 이룰 것이다. 앵그르가 전통적인 형식과 자신만의 독특한 스타일을 조화시킨 것처럼.

앵그르가 그의 시대에 새로운 미적 기준을 제시했듯이 나도 일상에서 창의적인 도전을 통해 삶을 풍요롭게 만들 수 있을 것 같다. 그의 대담함과 창의성, 그리고 전통과 혁신의 조화. 이 모든 것들이 내 요리에, 그리고 더 나아가 내 삶에 어떻게 반영될 수 있을지 생각해본다.

성게알을 올린 갑오징어회. 이 요리는 앵그르의 그림처럼 기존의 관념을 넘어서 새로운 맛의 세계를 열어줄 것이다. 고정관념을 깨고 도전하는 순간, 그것이 요리든 삶이든 예상치 못한 기쁨과 마주하게 될 테니까.

앵그르의 그림이 보는 이의 시선을 새롭게 하듯, 나의 요리도 누군가에게 새로운 영감이 되길 바란다.

대담하게 조화를 이룬 성게알 갑오징어회를 만들다

재료

갑오징어 몸살 1장, 성게알 1큰술, 애호박 1개, 휘핑크림 150mL, 엑스트라버진 올리브오일, 소금, 허브

성게알을 올린 갑오징어회 만들기

1. 슬라이스한 애호박을 노릇하게 볶아 휘핑크림과 함께 완전히 뭉그러지도록 약불에서 졸인다.
2. 졸인 애호박에 엑스트라버진 올리브오일 1큰술을 넣고 믹서에 옮겨 곱게 간다.
3. 갈아낸 호박소스에 소금과 후추로 간을 하고 맛을 본다. 튜브에 담아 냉장고에서 식힌다.
4. 갑오징어는 내장과 뼈를 제거하고 껍질을 벗긴 후 깨끗이 씻어 물기를 제거한다.
5. 손질한 갑오징어를 아주 가늘게 채 썰고 엑스트라버진 올리브오일 1/2큰술과 소금을 넣어 가볍게 버무려 간을 한다.
6. 깨끗이 씻은 성게 껍질에 간을 한 갑오징어를 적당량 담는다.
7. 차가운 호박소스를 짤주머니에 넣어 갑오징어 위에 예쁘게 짜 올린다.
8. 마지막으로 성게알을 올리고 신선한 허브로 장식한다.

고통과 열정을 그린 혁명가

프리다 칼로(Frida Kahlo, 1907~1954)

프리다, 〈프리다 칼로의 초상〉, 1933. 캔버스에 유화,
60.5cm × 48.5cm. 국립 초상화 미술관

고통 속에서 예술로 삶을 그리다

프리다 칼로를 떠올리면 여러 단어가 마음에 스친다. 혁명가, 공산주의자, 페미니스트, 디에고 리베라, 비운의 천재 여류 화가, 그리고 육체적 한계와 정신적 고통 등이다.

내가 프리다 칼로를 알게 된 계기는 셀마 헤이엑 주연의 영화 '프리다'였다. 1907년 멕시코시티 코요아칸에서 태어난 프리다는 멕시코 혁명기를 배경으로 성장했다. 이 혁명은 노동자와 농민이 주축이 되어 독재정권에 맞선 투쟁이었다.

어릴 적 소아마비를 앓았던 그녀는 몸은 불편했지만 의사의 꿈을 안고 멕시코시티 최고의 교육기관인 국립 에스쿠엘라 예비학교에 진학했다. 하지만 18세에 겪은 큰 교통사고로 인해 그 꿈을 접어야 했다.

운명의 장난처럼 프리다는 리베라를 만나 결혼했다. 리베라는 벽화 그림으로 꽤 유명한 화가였다.

벽화는 당시 문맹률이 높은 멕시코 국민들에게 혁명의 정당성과 정책을 알리는 데 효과적인 수단이었다. 비록 정치적인 의도가 짙은 작업이었지만, 예술가들에게는 자신의 이름을 알리고 예술적 열정과 시대정신을 도시 곳곳에 펼칠 수 있는 장이 되었다.

리베라는 이 기회를 통해 멕시코를 대표하는 벽화가로 성장했고, 그의 그림들은 혁명 정신을 담은 걸작으로 평가받았다.

이후 두 사람의 만남은 프리다의 예술 인생에 결정적인 전환점이 되었고, 그녀는 점차 자신만의 독특한 예술세계를 구축해나가기 시작했다. 리베라를 통해 공산주의 사상을 접한 그녀는 평생 혁명적 이상을 품고 살았다.

혁명과 사랑으로 자화상을 완성하다

평소 그림과 정치에 관심이 많았던 프리다는 혁명 관련 벽화를 그리는 리베라를 만나면서 본격적으로 예술의 세계에 눈뜨기 시작했다.

어릴 때부터 어머니에게 멕시코 사회주의 혁명과 이념을 배우며 자란 그녀에게 정치색 짙은 벽화를 그리는 리베라는 너무 매력적인 인물로 다가왔을 것이다. 그렇게 둘은 21세의 나이 차이를 극복하고 행복한 가정을 꾸렸지만 결국 이별하고 말았다.

프리다가 리베라를 평생에 걸쳐 얼마나 사랑했는지는 여러 언론 인터뷰를 보면 알 수 있다. "내 평생의 소원 3가지는 영원히 리베라와 함께 사는 것, 그림을 계속 그리는 것, 그리고 멕시코의 혁명가가 되는 것이다."라고 말할 정도였으니 말이다.

프리다,
〈프리다와 디에고 리베라〉,
1931. 캔버스에 유화,
100.01cm×78.74cm.
샌프란시스코 현대 미술관

프리다, 〈상처입은 사슴〉, 1946. 패널에 유화, 22.4cm×30cm. 개인소장

남편과 헤어진 프리다는 이별의 상처를 치유하기 위해 알코올에 의지해보기도 하고, 다른 남자를 만나거나 동성과의 연애도 해봤지만 외로움과 공허함을 채우지는 못했다.

그렇게 고독한 시간을 보내다 이혼 후 1년 만에 두 사람은 재결합했다. 하지만 과거의 교통사고 후유증과 심한 정신적 스트레스로 건강은 더욱 나빠졌다. 30여 차례에 걸친 수술 끝에 행복은 사라지고 프리다의 몸은 만신창이가 되었다.

프리다는 〈상처 입은 사슴〉, 〈부서진 기둥〉과 같은 그림에서 자신의 신체적 고통과 심리 상태를 그대로 드러냈다. 척추에 박힌 쇠기둥과 못, 온몸에 꽂힌 화살을 보면, 큰 수술 후의 고통스러운 상태를 표현한 것으로 보인다. 이후 건강이 나빠져 다리를 절단해야 했지만 그녀는 끝까지 그림을 놓지 않았다.

세상을 떠난 후 그녀의 그림은 점차 더 많은 주목을 받기 시작했다.

역사는 때때로 과장되기 마련이다. 흔히 리베라는 독선적이고 여성 편력이 심해 아내 프리다의 진정한 사랑을 받아들이지 못한 남자로 묘사되고 있다.

하지만 실제로 그는 이혼 후 방황하다가 프리다와 재결합해 안정적인 가정을 꾸렸고, 그녀의 마지막 순간까지 곁을 지켰다. 이를 보면 프리다의 사랑이 일방적이었다는 평가는 다소 과장된 것일지도 모른다.

프리다의 그림에서 느껴지는 진취적이고 다채로운 컬러는 프랑스식 해산물 수프 부야베스를 떠올리게 한다.

갓 잡은 해산물에 붉은 토마토와 푸른 허브를 조화롭게 섞은 이 요리는 서민적이면서도 정열을 고스란히 넣어 만든 프리다의 그림과 많이 닮았다.

Kabinaka, 〈프리다는 영원히〉, 2020, 115cm×180cm. CC BY-SA 4.0

정열적인 멕시코의 부야베스를 만들다

🍲 재료

생선살 · 바지락 · 홍합 100g씩 , 꽃게 1마리, 새우 4마리, 관자 3개, 마늘 3쪽, 양파 · 감자 1/2개씩, 청피망 · 홍피망 1/3개씩, 화이트와인 100mL, 조개 육수 300mL, 토마토소스 500mL, 레몬 1/2개, 버터 2큰술, 파슬리, 소금, 후추, 퓨어 올리브오일

👨‍🍳 부야베스 만들기

1. 마늘을 얇게 슬라이스하고, 생선살은 5cm, 양파와 청피망, 홍피망, 감자는 3cm 크기로 자른다.
2. 꽃게는 등껍질을 제거해 4등분하고, 홍합은 수염을 제거해 깨끗이 씻는다.
3. 큰 냄비에 올리브오일을 두르고 마늘, 양파를 볶다가 피망과 감자를 넣고 함께 볶는다.
4. 채소가 익으면 꽃게와 새우를 넣어 볶다가, 나머지 해산물과 파슬리를 넣고 화이트와인을 부어 졸인다.
5. 해산물이 익어갈 때 육수와 토마토소스를 붓고 끓어오르면 중약불로 줄여 20분간 졸인다.
6. 레몬즙을 짜 넣고 소금과 후추로 간을 맞춘 뒤, 버터 2큰술을 녹여 접시에 담는다.

농부의 삶을 화폭에 담은 화가

장 프랑수아 밀레(Jean-François Millet, 1814~1875)

소박함 속에서 삶의 따뜻함을 그리다

'화가는 배가 고프다'라는 말에 동의하지만, 실제로 거장들의 일생을 들여다보면 비교적 부유한 사람들이 많았다. 그렇다면 왜 화가는 배고프다고 했을까?

아마도 미술은 다른 학문에 비해 비용이 많이 들기도 하지만, 졸업 후 유명해지기 전까지 대부분의 무명 화가들은 수입이 많지 않아 경제적으로 어려움을 겪기 때문이 아닐까?

물론 모든 화가가 경제적 어려움을 겪는 것은 아니지만, 예술가로서의 삶이 종종 불안정하고 도전적이라는 점은 부인할 수 없다. 많은 화가들이 생전에 경제적 어려움을 겪었지만 그중에서도 장 프랑수아 밀레의 이야기는 특히 내 마음을 울린다.

밀레의 그림은 미술에 관심이 없는 사람들도 한 번쯤 마주쳤을 만큼 우리 일상에 스며들어 있다. 〈만종〉, 〈이삭 줍는 사람들〉과 같은 그의 대표작들은 미술책뿐만 아니라 다양한 매체에서 자주 볼 수 있다.

밀레가 그린 농촌 풍경과 농부들의 모습은 보는 사람의 눈길을 사로잡

밀레, 〈만종〉, 1857-1859. 캔버스에 유화, 55.5cm×66cm. 오르세 미술관

는다. 그의 그림들은 뭔가 특별하다. 심지어 짧지만 강렬한 삶을 살다 간 고흐도 자신에게 큰 영향을 준 화가로 밀레를 꼽았으며, 밀레의 그림을 보고 깊은 감명을 받아 여러 점을 모사하기도 했다.

노동의 숭고함을 캔버스에 담아내다

밀레의 그림은 단순한 풍경화를 넘어선다. 그의 캔버스에는 당시의 사회 모습이 생생하게 담겨있다. 농부들의 고된 노동과 소박한 일상, 그 속

밀레, 〈물레질하는 여인〉, 1854.
캔버스에 유화, 35.2cm×26.7cm.
보스턴 미술관

밀레,
〈씨뿌리는 사람〉, 1850.
캔버스에 유화, 101.6cm×82.6cm.
보스턴 미술관

에 숨겨진 아름다움을 특유의 감성으로 잘 포착해낸 것 같다.

그의 그림을 들여다보고 있으면 19세기 중반 프랑스 농촌의 모습, 농부들의 굽은 등과 거친 손, 그리고 그들의 눈빛에서 느껴지는 인간의 존엄성까지 모두 생생하게 전달된다.

밀레의 그림 중 〈물레질하는 여인〉은 그의 세심한 관찰력과 일상의 아름다움을 포착하는 능력을 잘 보여준다. 물레를 돌리는 여인의 표정과 손놀림이 매우 사실적이면서도 우아하다. 밀레는 이 평범한 가사 노동의 순간을 신성한 의식처럼 표현했다.

〈나무에 접목을 하는 농부〉는 밀레의 농촌 생활에 대한 깊은 이해를

밀레, 〈나무에 접목을 하는 농부〉, 1865. 캔버스에 유화, 81cm×100cm. 노이에 피나코테크

보여주는 그림이다. 농부의 숙련된 손길과 집중된 자세가 자연과 인간의 조화로운 관계를 상징적으로 나타낸다.

밀레는 1814년 프랑스 노르망디의 작은 농촌 마을에서 태어났다. 화가의 꿈을 가슴에 품고 파리로 떠난 그는, 아버지의 초상화로 살롱에서 상을 받으며 서서히 이름을 알리기 시작했다.

그러나 1849년 파리를 뒤흔든 콜레라의 공포는 밀레의 인생에 큰 전환점이 되었다. 그는 이 재앙을 피해 파리 교외의 조용한 마을 바르비종으로 거처를 옮겼다. 바르비종에서 밀레는 마치 잃어버렸던 보물을 찾은 듯 자신의 진정한 예술적 정체성을 발견했다.

어린 시절의 아련한 추억과 농부들의 소박하지만 진실된 일상이 그의 붓끝에서 생생하게 되살아났다. 이 소박한 농촌의 모습을 담은 그림들이 밀레의 대표적인 화풍이 되었다.

밀레의 독특한 화풍과 깊이 있는 작품세계는 많은 이들의 관심을 끌었다. 그의 명성이 높아질수록 예술가들이 바르비종으로 모여들었고, 이는 자연스럽게 밀레를 '바르비종파'의 핵심 인물로 자리매김하게 했다. 밀레는 바르비종파를 이끌며 자연을 있는 그대로 묘사하는 사실주의적 풍경화의 새로운 흐름을 만들어냈다.

밀레의 그림은 부드러운 터치와 소박하면서도 마음을 울리는 주제로 유명하다. 그의 그림에는 사람들의 일하는 모습이 참 아름답게 그려져 있다.

이런 특징 때문에 노동자들의 권리를 주장하는 사람들이 밀레의 그림을 좋아했고, 가끔은 밀레가 생각하지도 않은 정치적인 의미로 해석되어 논란의 대상이 되기도 했다.

특히 〈이삭 줍는 사람들〉은 빈부 격차와 사회 불평등을 고발하는 작품으로 해석되어 당시 보수층의 반발을 샀다고 한다.

밀레, 〈이삭줍는 여인들〉, 1857. 캔버스에 유화, 840cm×111cm. 오르세 미술관

밀레 그림의 가장 큰 특징은 등장인물이 크고 도드라지며, 프랑스 농촌의 일상을 사실적으로 묘사한다는 점이다. 그의 그림에서는 농부들의 굽은 등, 거친 손, 그리고 땀에 젖은 옷까지 모두 세밀하게 묘사되어 있다. 하지만 미술을 전공하지 않은 사람들에게는 그림이 주는 따뜻함과 소박함이 더 깊게 와 닿는다.

일상의 고귀함을 식탁에서 나누다

밀레의 그림을 생각하면 추수하는 가을 하늘이 연상되어, 자연스럽게 쌀로 만든 요리 리소토가 생각난다.

원색적인 토마토소스나 크림소스, 오일소스보다는 크림소스와 토마토소스가 어우러진 연주황빛 로제소스가 더 어울릴 것 같다. 마치 밀레의 그림에서 볼 수 있는 황금빛 들판과 석양이 어우러진 모습을 연상시키는 듯하다.

그의 그림을 바라보고 있으면 마치 포근한 이불 속에 있는 듯한 편안함이 느껴진다. 밀레와 함께 커피를 마시며 대화를 나누고 싶다는 생각이 든다. 평소에는 커피를 즐기지 않지만 오늘만큼은 예외를 두고 싶다.

부드럽고 향기로운 커피와 소박한 리소토를 함께 즐기며, 그의 그림처럼 편안하고 따뜻한 분위기 속에서 이야기를 나누고 싶다.

밀레의 그림이 주는 감동을 그에게 직접 들려준다면 얼마나 좋을까? 그의 작품이 오늘날까지도 많은 이들에게 사랑받고 있다는 사실을 알려주고 싶다.

밀레, 〈감자 심는 기계〉. 1861년경. 캔버스에 유화, 82.5cm×101.3cm. 보스턴 미술관

이삭처럼 영글어가는 리소토를 만들다.

🍖 재료

흰쌀밥 150g, 퓨어 올리브오일 3큰술, 통마늘 2개, 양파 1/4개, 청·
홍피망 1/8개씩, 명란 1큰술, 조개 육수·토마토소스·파스타용 크림
120mL씩, 바질, 후춧가루

👨‍🍳 명란 로제소스 리소토 만들기

1. 마늘은 얇게 슬라이스하고 양파, 청피망, 홍피망은 각각 3cm 크기의
   정사각형 모양으로 자른다.
2. 프라이팬에 퓨어 올리브오일을 두르고 중간 불로 가열한다.
3. 올리브오일이 따뜻해지면 마늘, 양파, 피망을 넣고 향이 나도록 3~4
   분간 볶는다.
4. 조개 육수, 토마토소스, 파스타용 크림을 넣고 잘게 자른 명란을 더해
   약한 불에서 끓인다.
5. 소스가 끓으면 흰쌀밥을 넣고 저어
   가며 밥알을 풀어주고, 후춧가루만
   넣어 간을 맞춘다.

6. 밥과 소스가 잘 어우러지고 원하는
   농도가 되면 불을 끄고 접시에 담
   는다.
7. 바질을 얹어 장식한다.

빛과 그림자의 마술사

렘브란트 반 레인(Rembrandt van Rijn, 1606~1669)

천재와 고집불통 사이

이 책에서 다루는 주인공들은 세계적으로 잘 알려진 미술의 거장들이다. 대부분 프랑스, 네덜란드, 독일, 오스트리아 출신이며 그중에서도 프랑스 출신이 가장 많다.

이번에 소개할 렘브란트 반 레인은 고흐와 함께 네덜란드를 대표하는 화가이다. 17세기 네덜란드 황금시대를 대표하는 그의 그림들은 오늘날까지도 깊은 감동을 주고 있다.

렘브란트는 1606년 레이던의 방앗간 집 아들로 태어나 천재로 불리며 화단을 주름잡았지만, 그의 삶은 마치 한 편의 드라마를 보는 것 같다.

그는 독창적인 화법으로 명성과 큰 부를 쌓았지만, 과소비와 관리 소홀로 인해 말년에는 가난한 화가로 전락했다. 그의 인생은 마치 그가 그린 그림처럼 빛과 그림자가 극명하게 대비되는 모습을 보여준다.

렘브란트가 살았던 시대에는 자화상과 단체 초상화가 크게 유행했다. 이는 사진기가 없던 시절 자신을 기록할 수 있는 거의 유일한 방법이었기 때문이다. 렘브란트는 생애 동안 약 100점의 자화상을 남겼는데, 이

렘브란트, 〈천사들과 함께하는 성가족〉, 1645. 캔버스에 유화, 117cm×91cm. 에르미타주 박물관

는 마치 시각적 일기와도 같아서 그의 인생 여정을 고스란히 보여준다.

렘브란트는 매우 독특했다. 의뢰인의 요구를 그대로 따르기보다는 자신의 생각을 그대로 그림에 담았다.

이 때문에 불만을 표하는 고객들이 많았다. 당시 사람들은 자신의 모습을 좀 더 멋지고 이상적으로 그려주길 원했지만 렘브란트는 있는 그대로의 모습을 솔직하게 그렸다. 이러한 작업 방식은 초상화에 깊이와 진실성을 더했지만, 동시에 경제적 어려움을 가져오기도 했다.

이로 인해 수입이 줄어들고 있었음에도 큰 저택을 구입하고 다른 화가의 그림을 비싼 값에 사들이는 실수를 계속하며, 그는 점차 가난해지기 시작했다. 1656년, 그는 결국 모든 재산을 잃게 되었다.

렘브란트, 〈자화상〉, 1659. 캔버스에 유화,
84.5cm×66cm. 내셔널 갤러리

렘브란트의 삶을 보면, 예술적 신념을 끝까지 지키면서도 현실적인 삶과의 균형을 찾으려 끊임없이 고민했던 한 예술가의 모습이 그려진다.

그의 그림은 오늘까지도 여전히 많은 사랑을 받고 있으며, 예술가로서의 순수한 열정과 냉혹한 현실의 타협 사이에서 끊임없이 고뇌했던 한 인간의 진솔하고 강렬한 이야기를 전해준다.

어둠과 빛의 대비로 생명을 불어넣다

그럼에도 불구하고 렘브란트는 미술계의 거장으로 확고히 자리 잡았다. 이는 그가 예술가로서 탁월한 재능을 지녔음을 보여준다. 그의 그림에서 인물들은 튀어나올 듯 입체적으로 표현되어 있다. 마치 어두운 무대 위에 서 있는 배우가 갑자기 밝은 조명을 받는 것처럼.

렘브란트 그림의 가장 큰 특징은 바로 이 빛과 그림자가 만들어내는 강렬한 대비에 있다. 어두운 배경 속에서 밝게 빛나는 인물들을 보고 있으면 마치 한 편의 오페라를 감상하는 것 같은 극적인 느낌이 든다.

〈야경〉은 이러한 기법의 대표작으로, 어둠 속에서 빛나는 인물들의 모습이 생생하게 묘사되어 있다.

렘브란트의 그림 중에서도 〈플로라〉와 〈학자의 초상〉은 그의 예술적 다양성을 잘 보여준다. 〈플로라〉에서 렘브란트는 로마 신화에 나오는 꽃의 여신을 아내 사스키아의 모습으로 그렸다. 그는 부드러운 빛과 따뜻한 색조를 사용해 여인의 아름다움과 생명력을 표현했다.

〈학자의 초상〉에서는 깊은 사색에 잠긴 노학자의 모습을 통해 인간의 지혜와 경험을 표현했다. 어두운 배경 속에서 책과 학자의 얼굴만 밝게 비추는 빛은 지식의 힘을 상징적으로 나타낸다.

어둠 속에서 빛을 찾아 그리다

어느 날, 밤늦게까지 원고를 정리하다가 깜박 졸고 말았다. 비몽사몽 간에 렘브란트의 그림을 보는데, 그림 속 인물들이 마치 나에게 말을 걸

렘브란트,
〈플로라〉, 1634.
캔버스에 유화, 125cm×101cm.
에르미타주 박물관

렘브란트,
〈학자의 초상〉, 1631.
캔버스에 유화, 104.5cm×92cm.
에르미타주 박물관

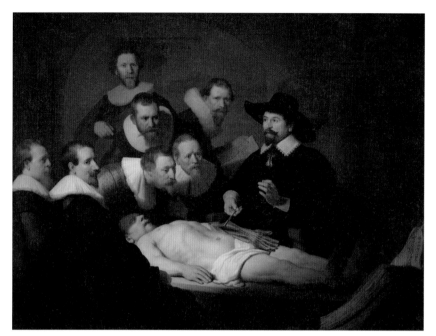

렘브란트, 〈니콜라스 튈프 박사의 해부학 강의〉, 1632. 캔버스에 유화, 169.5cm×216.5cm.
마우리츠하위스 미술관

어오는 듯했다. 이는 렘브란트만의 생동감 있는 키아로스쿠로 기법(명암
법) 때문이다.

키아로스쿠로 기법은 평평한 캔버스에 빛과 어둠의 강한 대비를 만들
어 실제 사물을 보는 듯한 느낌을 준다. 이 기법으로 인해 그림 속 인물
들은 마치 살아 움직이는 것 같은 착각을 일으킨다.

렘브란트는 이 기법을 통해 단순히 외형뿐만 아니라 인물의 내면까지
표현하고자 했다. 〈니콜라스 튈프 박사의 해부학 강의〉나 〈야경〉과 같은
그림들은 사진을 보는 것처럼 정말 생생하다.

그의 그림을 보고 있으면, 어느새 그 속으로 빨려 들어가 인물들과 함
께 대화를 나누고 싶어진다. 그의 작품들은 단순한 그림이 아니라 하나

렘브란트, 〈야경〉, 1642. 캔버스에 유화, 363cm × 437cm. 암스테르담 국립 미술관

의 이야기를 담고 있는 듯하다.

렘브란트는 여러 개의 거울을 이용해 자신의 다양한 표정을 연습했다고 한다. 성공과 실패, 이별과 고독, 그리고 행복할 때의 눈빛까지 담아내기 위해 그는 끊임없이 노력했다.

이러한 노력은 그의 자화상뿐만 아니라 인간의 희로애락을 표현한 모든 그림에 깊이를 더해주었다. 특히 말년에 그린 자화상에서는 노년의 쓸쓸함과 동시에 인생에 대한 깊은 통찰이 느껴져 더 감동적이다.

요리사의 눈으로 보면 렘브란트의 그림은 양갈비 스테이크와 닮았다. 조금 투박하지만 직설적인 그의 화풍과 잘 어울리는 음식이다.

양갈비 특유의 진한 풍미와 독특한 식감은 그의 그림이 가진 깊이 있는 색채와 복잡한 구도를 입안에서 느끼게 하는 듯하다.

그의 그림을 감상하며 양갈비를 맛보고 진한 레드와인 한 잔을 곁들이면, 그의 작품세계를 더욱 깊이 체감할 수 있지 않을까?

와인의 깊고 풍부한 맛은 렘브란트 그림의 풍부한 색감과 깊이를 떠올리게 한다.

이처럼 명화와 요리를 함께 즐기다 보면 자연스럽게 렘브란트의 작품세계로 빠져들게 된다.

어둠과 빛의 대비로 양갈비를 굽다

🍶 재료

양갈비 3개(각 250g), 콜리플라워 3조각, 양송이 2개, 아스파라거스 2개, 위스키 머스터드 1작은술, 로즈메리 1줄기, 퓨어 올리브오일, 소금, 후추

🧑‍🍳 위스키 머스터드와 양갈비 스테이크 만들기

1. 콜리플라워는 한입 크기로 자르고, 아스파라거스는 껍질을 벗겨 끓는 물에 살짝 데친 후 찬물에 식혀둔다.
2. 양갈비는 소금과 후추로 재워두고, 팬에 올리브오일과 로즈메리를 넣고 구워 향을 낸다.
3. 양갈비를 미디엄으로 구워 2~3분간 레스팅하는 동안 콜리플라워, 아스파라거스, 양송이를 소금, 후추로 간하여 볶는다.

4. 볶은 채소 위에 후추를 뿌린 양갈비를 잘 세워 올린다.
5. 마지막으로 위스키 머스터드를 곁들여 낸다.

미술관 옆 레스토랑

2025년 3월 10일 인쇄
2025년 3월 15일 발행

저   자 : 안충훈
펴낸이 : 남상호

펴낸곳 : 도서출판 **예신**
www.yesin.co.kr

(우)04317 서울시 용산구 효창원로 64길 6
대표전화 : 704-4233, 팩스 : 335-1986
등록번호 : 제3-01365호(2002.4.18)

값 18,000원

ISBN : 978-89-5649-186-8